山西省煤基重点科技攻关项目（项目号：MQ2014-02）与"沁水盆地深部页岩气资源调查与潜力评价"项目联合资助

沁水盆地深部页岩气资源调查
与开发潜力评价

朱炎铭　　张庆辉　　屈晓荣　　苏育飞　　陈尚斌　著

科学出版社

北　京

内 容 简 介

　　山西省是煤炭大省，但也含有丰富的页岩气资源，据国土资源部预测山西省页岩气资源量位列全国第16位，约为 $2.4 \times 10^{12} \text{m}^3$，其目标层位为太原组、山西组以及下石盒子组，与煤炭、煤层气所属层位相同，其中沁水盆地具有丰富的页岩气资源潜力。沁水盆地位于山西省东南部，整体为一中生代以来形成的巨型复向斜，构造相对简单，一直是我国煤炭与煤层气研究的热点地区，不仅是煤炭开采的重要基地，也是中国煤层气开采最成功的地区之一，现又成为页岩气研究的一个新热点区域。本书针对沁水盆地石炭—二叠系，综合运用沉积学、古生物学、石油地质学、储层地质学、有机地球化学、矿物岩石学等多学科基础理论和方法，对石炭—二叠系页岩气地质特征、源岩-储层特征、赋存富集规律等基础科学问题进行了深入研究，系统地分析了页岩气空间展布特征、页岩储层的物质组成和孔裂隙结构、含气性特征，提出了针对海陆交互相页岩气资源评价方法，并采用该方法对沁水盆地页岩气资源进行了新的评估，优选了页岩气勘查有利区块。

　　本书形成的理论和方法可为沁水盆地页岩气研究及勘探开发提供了重要的参考价值，对从事页岩气地质工作的科研人员也具有参考价值。

图书在版编目（CIP）数据

　　沁水盆地深部页岩气资源调查与开发潜力评价/朱炎铭等著. —北京：科学出版社，2015.11
　　ISBN 978-7-03-046309-8

　　Ⅰ. ①沁⋯　Ⅱ. ①朱⋯　Ⅲ. ①油页岩资源–资源调查–沁水县 ②油页岩资源–资源开发–资源潜力–资源评价–沁水县　Ⅳ. ①TE155

　　中国版本图书馆 CIP 数据核字（2015）第 267644 号

责任编辑：罗　吉　郑　昕　程心珂 / 责任校对：彭　涛
责任印制：徐晓晨 / 封面设计：许　瑞

科 学 出 版 社 出版
北京东黄城根北街 16 号
邮政编码：100717
http://www.sciencep.com

北京教园印刷有限公司 印刷
科学出版社发行　各地新华书店经销
*
2015 年 11 月第　一　版　开本：720×1000　1/16
2015 年 11 月第一次印刷　印张：13 5/8　插页：8
字数：275 000
定价：89.00 元
（如有印装质量问题，我社负责调换）

前　　言

随着经济社会的发展和人们环保意识的增强，我国对能源，特别是清洁能源的需求持续攀高，政府与企业越来越关注和支持页岩气的发展。我国自 2000 年以来就致力于新兴化石能源页岩气的研究和勘查工作，经过十年的不懈努力，行业工作者对中国页岩气基本地质条件有了较为深入的认识，并在勘探开发中取得重要突破，主要潜力目标层均获工业气流。页岩气勘探开发的突破，首先得益于页岩气资源评价工作。与北美页岩气地质特征相比，我国页岩气地质条件极具特殊性，因此，针对不同区域、不同类型、不同层位的页岩气地质条件开展系统的资源评价是页岩气产业链中最为关键和核心的一项内容。

2009 年国土资源部发布的页岩气资源评价结果显示，山西省页岩气资源量为 $2.4 \times 10^{12} \mathrm{m}^3$，目标层位为太原组、山西组以及下石盒子组，与煤炭、煤层气所属层位相同；其中沁水盆地具有丰富的页岩气资源潜力。沁水盆地位于山西省东南部，整体为一中生代以来形成的巨型复向斜，构造相对简单，一直是我国煤炭与煤层气研究的热点地区，现也成为页岩气研究的一个新热点区域。经过长期研究，地质工作者深刻地揭示了沁水盆地的地层、构造、煤层及其煤层气的发育赋存规律，尤其是沁水盆地煤层气特征在各科研院所和高等院校大量专题研究下取得了丰硕的成果。这些理论和方法为沁水盆地页岩气研究提供了重要的参考价值。

作者率先选择沁水盆地石炭—二叠系为页岩气研究对象，综合运用沉积学、古生物学、石油地质学、储层地质学、有机地球化学、矿物岩石学等多学科基础理论和方法，对其页岩气地质特征、源岩-储层特征、赋存富集规律等基础科学问题进行了深入研究，系统地分析了页岩气空间展布特征、页岩储层的物质组成和孔裂隙结构、含气性特征，提出了针对海陆交互相页岩气资源评价方法，并采用该方法对沁水盆地页岩气资源进行了新的评估，优选了页岩气勘查有利区块。

本书编排为十一章。第一章为绪论，综述了沁水盆地页岩气工作历程和研究现状，介绍了页岩气调查评价的研究内容和研究方法，为更好的理解后续章节做了铺垫。第二章至第九章为本书的主要内容。第二章从地层特征、构造特征及演化、岩浆活动史及岩浆岩分布、陷落柱、水文地质特征等方面阐述了沁水盆地页岩气地质背景与基本地质特征，为页岩气源岩-储层特征、赋存富集规律、有利区块优选及资源潜力评价的研究与论述奠定了基础。第三章通过页岩层系地质调研，对页岩层系进行分组，突出了海陆交互相页岩气系统的特殊性，值得指出的是，本书突破了以往按组进行评价的常规思路，提出了以层段进行页岩气地质评价的新方法，将目的层划分为四个层段。第四、第五和第六章以四个层段为主线，分别论述了页岩气源岩—储层特征、含气性特征，揭示四个层段页岩气赋存富集规律，为沁水盆地页岩气资源潜力评价与有利区块优选提供依据；第四章重点论述页岩气四个层段空间展布特征、页岩储层物质组成和孔裂隙结构特征；第五章重点论述吸附气和游离气两方面的含气性特征；第六章重点论述页岩气的构造-埋藏史、有机质演化史和生气史。第七、第八和第九章以评价体系的构建和资源评价为重点，对沁水盆地页岩气资源前景进行了预测；第七章以页岩生烃特征、储层特征、页岩气成藏机理与后期保存条件等为基础因素，建立了一套适合海陆交互相页岩气的评价体系；第八章分析了页岩气资源评价方法及关键参数的取值，评估了沁水盆地资源潜力；第九章优选了有利区和核心区。第十章简要论述了沁水盆地煤层气与页岩气共探共采的理论可行性与勘探开发方式，为后期勘查生产实践提供理论支撑。第十一章总结了沁水盆地页岩气的资源水平，并对其开发潜力做出了评价和提出了建议。

　　本书力求内容丰富、图文并茂、论述有序；期望所呈现的成果和认识既能推动海陆交互相页岩气的勘探开发，丰富页岩气地质学相关理论，也能推进山西省页岩气的发展，为促进全省能源消费结构变革起到积极作用。本书可供从事页岩气和煤层气相关地质工作者参考使用，也适合于从事资源勘查、矿产普查与勘探等方面的科研、教学人员与研究生使用。

　　本书编写过程中得到了山西省煤炭地质勘查研究院及山西省煤炭地质局下属各单位领导的悉心指导和大力支持；山西省煤炭地质勘查研究院张星星工程师、周宝艳工程师、刘正工程师、王聪工程师、中国矿业大学刘宇博士、张寒博士、胡琳硕士、周友硕士、刘成硕士、周晓刚硕士、李家宏硕士、刘娇男硕士等协助完成了本书若干章节的编写和图件的绘制。

　　在本书与读者见面之际，谨向以上给予帮助的单位和个人表示诚挚的感谢。

　　因笔者的研究水平及编著经验有限，对沁水盆地页岩气的认识、分析和总结，以及书稿的编著上难免存在不足和错误之处，恳请广大读者批评指正。

作　者

2015 年 8 月

目　录

第一章 绪 论

随着清洁能源需求的不断扩大、天然气价格的不断上涨，在美国页岩气商业化的带动下，国内页岩气地质研究不断深入、勘探开发技术得到快速发展，并且得到了国家政策的重视。页岩气是未来油气勘探开发的一个新的重要领域，其定义为赋存于黑色页岩或暗色页岩中的天然气，在页岩储层中以吸附气、游离气和溶解气的形式存在。

首次国内页岩气资源调查结果显示：我国页岩气资源量巨大，海相页岩地层、海陆交互相页岩地层及陆相煤系地层在各地质历史时期均有发育，分布广泛。其中海陆交互相沉积超过 $200 \times 10^4 \text{km}^2$，主要分布于华北地区的石炭—二叠系地层中。山西省在以往矿产勘探开发时，已经开展了大量的煤田和煤层气资源的调查工作，在钻遇的煤系泥岩层段，也已见到不同的气显示，具有较好的海陆交互相页岩气地质基础和广阔的页岩气前景。

第一节 国内外研究现状

随着人类社会的不断发展以及人类环保意识的不断提高，能源与环境的可持续发展成为当今社会发展的主题。天然气作为一种高效、优质的清洁能源和化工原料，已经成为仅次于石油和煤炭的世界第三大能源，是实现低碳能源消费的最佳选择。20 世纪 90 年代以来，世界天然气探明储量快速增长（图 1-1）。2010 年，

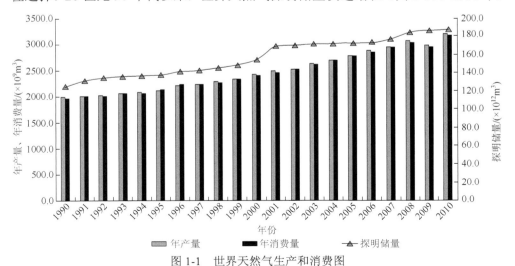

图 1-1 世界天然气生产和消费图

世界常规天然气探明储量为 $187.1 \times 10^{12} m^3$，较 1990 年探明储量 $125.7 \times 10^{12} m^3$ 增长了 48.8%。与此同时，世界天然气产量和消费量也大幅度增长，据国际能源署（IEA）预计，2007~2020 年，世界天然气的需求还将增长 45%。

页岩气是重要的非常规天然气能源，是指从黑色泥页岩或碳质泥岩地层中开采出来的天然气。全球页岩气资源量为 $456.24 \times 10^{12} m^3$，约占全球非常规天然气资源量的 50%，主要分布在北美、中亚、中国、拉美、中东、北非和前苏联等地区（江怀友等，2008a；李建忠等，2009；安晓璇等，2010），具有巨大资源勘探前景（Rogner，1997；Kawata and Fujita，2001）。美国和加拿大是目前世界上已经实现页岩气商业开采的国家，欧洲的德国、法国、英国、波兰、奥地利、瑞典，亚洲的中国、印度，大洋洲的澳大利亚、新西兰，南美的阿根廷、智利等国家或地区都已充分认识到页岩气资源的价值和前景，开始了广泛的页岩气基础理论研究和资源潜力评价等。

一、美国页岩气勘探开发现状

美国是世界上页岩气勘探开发最早的国家，已经在多个盆地开展了页岩气勘探开发工作，目前已经确定有 50 多个盆地具有页岩气资源开发前景，48 个州的页岩气可采资源量在 $15 \times 10^{12} \sim 30 \times 10^{12} m^3$，探明的页岩气储量达 $24.4 \times 10^{12} m^3$，通过目前的技术可开采 $3.6 \times 10^{12} m^3$。随着含气区带的不断发现以及开采理论与技术的进步，美国页岩气探明储量也在不断增加。

美国第一口页岩气井可追溯到 1821 年，钻遇层位为泥盆系敦刻尔克（Dunkirk）页岩，井深仅 8.2m，当时产出的气体用于纽约弗里多尼亚（Fredonia）地区附近村庄居民的照明。19 世纪 80 年代，美国东部地区的泥盆系页岩气因临近天然气市场，在当时已经有相当大的产能规模，但产业一直不甚活跃。直到 20 世纪 70 年代末，国际市场的高油价和非常规油气概念的兴起，页岩气研究受到高度重视，当时主要是针对沃斯堡盆地巴尼特页岩的深入研究。Mitchell 公司曾在该地区的浅层打井，泥浆录井呈现大量的天然气显示，但仅产出了少量的气体，且产能下降很快，没有多少经济效益，为了寻找新的储量，开发公司将注意力逐渐转移到较深层的巴尼特页岩。Mitchell 能源公司于 1981 年在该地区完钻了第一口取心评价井，对巴尼特页岩段进行了氮气泡沫压裂改造，发现了巴尼特页岩气田。1986 年 Mitchell 公司完成了下巴尼特组的地层剖面，并对其孔隙度、渗透率、有机质含量和裂缝方向进行了详细的研究。2000 年以来，页岩气勘探开发技术不断提高，并得到了广泛应用。同时加密的井网部署，使页岩气的采收率提高了 20%，年生产量迅速攀升。2000 年，美国页岩气年产量为 $122 \times 10^8 m^3$，生产井约有 28 000口；2004 年美国页岩气年产量为 $200 \times 10^8 m^3$，约占天然气总产量的 4%；2006 年，美国有页岩气井 40 000 余口，页岩气年生产量为 $311\times10^{8}m^{3}$，占天然气总产量的 6%；2007 年美国页岩气生产井近 42 000 口，页岩气年产量 $450\times10^{8}m^{3}$，约占美国年天然气总产量的 9%。参与页岩气开发的石油企业从 2005 年的 23 家发展到 2007 年的 64 家。2010 年页岩气年产量达 $1359\times10^{8}m^{3}$，占全美天然气产量的 27%，2011 年页岩气年产量为 $1800\times10^{8}m^{3}$，占全美天然气产量的 34%，2012 年页岩气产量更是高达 $2640\times10^{8}m^{3}$，占全美天然气产量的 37%（图 1-2），2013 年达 $3025\times10^{8}m^{3}$，预计到 2015 年将达到 43%，到 2035 年将达 60%，将成为美国未来天然气产量增加的主要来源。

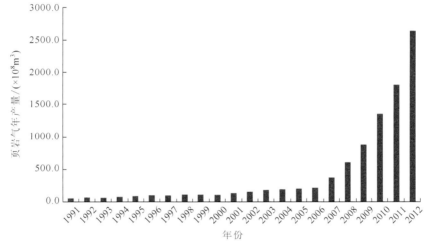

图 1-2　1991～2012 年美国页岩气年产量（2013 年为 $3025\times10^{8}m^{3}$）

　　目前，美国商业性开采的页岩气主要产自 5 个盆地的页岩层，分别是沃斯堡盆地的巴尼特页岩、圣胡安盆地的刘易斯页岩、密歇根盆地的安特里姆页岩、阿巴拉契亚盆地的俄亥俄页岩和伊利诺伊盆地的新奥尔巴尼页岩（表 1-1）。其中巴尼特页岩是当前美国页岩气产出的主力层位，巴尼特页岩现在的生产井已超过 8000 口，既有直井，也有水平井，日产量超过 $1.05\times10^{8}m^{3}$，预计到 2014 年日产量将达到 $1.84\times10^{8}\sim2.75\times10^{8}m^{3}$。

表 1-1　美国含气页岩的主要特征

盆地	沃斯堡	圣胡安	密歇根	阿巴拉契亚	伊利诺伊
页岩名称	巴尼特	刘易斯	安特里姆	俄亥俄	新奥尔巴尼
时代	C_1	K_1	D_3	D_3	D_3
气体成因	热解气	热解气	生物气	热解气	热解气、生物气
埋藏深度/m	1981～2591	914～1829	183～671	610～1524	183～1494

续表

盆地	沃斯堡	圣胡安	密歇根	阿巴拉契亚	伊利诺伊
厚度/m	61～152	152～579	49	91～610	31～140
干酪根类型	II	III为主，少量II	I	II	II
TOC	1.0～13.0	0.5～2.5	0.3～24.0	0.5～23.0	1.0～25.0
R_o	1.0～2.1	1.6～1.9	0.4～1.6	0.4～1.3	0.4～1.3
含气量 m^3/t	8.49～9.91	0.37～1.27	1.13～2.8	1.70～2.83	1.13～2.64
吸附气量/%	40～60	60～80	70	50	40～60
甲烷含量/%	77～93	—	—	—	72～76
总孔隙度/%	1.0～6.0	0.5～5.5	2.0～10	2.0～11.0	5.0～15.0
渗透率/（$\times10^{-3}\mu m^2$）	0.01	<0.1	<0.1	<0.1	<0.1
地层压力系数	0.99～1.02	0.46～0.58	0.81	0.35～0.92	0.99
压力梯度/（kPa/m）	12.21	4.97	—	—	4.84
资源量/（$\times10^{12}m^3$）	0.74	2.8	0.3～0.6	6.4～7.1	0.05～0.55

二、其他地区页岩气勘探开发现状

加拿大是继美国之后，较早发现页岩气可观经济资源的国家之一，并进入商业开发初期阶段的国家。美国成功的页岩气勘探经验、丰富的资源量及不断上涨的能源需求是推动加拿大页岩气发展的主要动力。加拿大从 2000 年开始加强了重点针对 11 个盆地（地区）的页岩气研究，涉及地层包括古生界（寒武系、奥陶系、泥盆系等）和中生界（三叠系至白垩系），页岩气（包括煤层气）勘探研究主要集中在加拿大西部沉积盆地，横穿萨斯喀彻温省的近 3/4、阿尔伯塔的全部和大不列颠哥伦比亚省东北角的巨大的条带。此外，威利斯顿盆地也作为潜在的气源盆地，白垩系、侏罗系、三叠系和泥盆系的页岩被确定为潜在气源层位。加拿大西部沉积盆地的页岩气开发还处于初期阶段，但是对页岩气的研究已经在很多地区和地层范围开展起来。目前，Montney 地区达到了商业开发阶段，霍恩河（Horn River）盆地部分处于先导试验阶段，部分处于先导钻探阶段。2009 年，加拿大页岩气产量达到 $72\times10^8m^3$，产于 Montney 和霍恩河（Horn River）两个页岩气区带。加拿大非常规天然气协会（CSUG）最新预测，整个加拿大地区页岩气资源量超过了 $31.5\times10^{12}m^3$。据美国先进资源国际公司（ARI）预测，加拿大页岩气产量预计到 2020 年将超过 $625\times10^8m^3$（Kuuskraa，2009），在不久的将来页岩气资源将成为加拿大西部盆地重要的勘探目标之一。

欧洲页岩气主要分布在波兰、法国、挪威、瑞典、乌克兰、丹麦等国，据 2011 年 EIA 预测，欧洲页岩气技术可采资源为 $18.08\times10^{12}m^3$，其中，以波兰和法国最多，分别为 $5.3 \times 10^{12} m^3$ 和 $5.1 \times 10^{12} m^3$（图 1-3）。欧洲目前多个盆地正在开展页岩气勘查，其中以波兰的 Silurian 页岩、瑞典的 Alum 页岩以及奥地利的 Mikulov页岩进展最快，据初步估算，这三个盆地页岩气资源潜力为 $30 \times 10^{12} m^3$，可采资源为 $4 \times 10^{12} m^3$。2013 年 8 月 30 日波兰环境部副部长表示，该国页岩气勘探取得了突破性进展，加拿大液化天然气能源公司在波兰北部 Lebork 地区的一口探井试获 $8000 m^3/d$ 的页岩气流，且已连续生产了一个月。

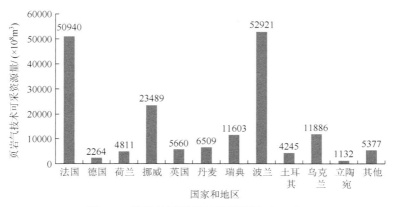

图 1-3 欧洲各国页岩气资源情况（EIA）

此外，美国在页岩气领域成功的商业开发，也给世界其他国家和地区页岩气的勘探开发带来了极大的促进作用。澳大利亚有许多页岩气远景区，如阿马迪厄斯盆地、库珀盆地和乔治亚盆地，在比塔卢盆地的全球最老地层——元古界震旦系发现的页岩气，有机碳含量为 4%，R_o 值高达 3.49%，预测该盆地页岩气资源量为 $5600 \times 10^8 m^3$。一份最新研究报告显示，澳大利亚可能拥有 1000 多万亿立方英尺（约 $30 \times 10^{12} m^3$）的页岩气储藏，但若想要进行全面开发，还有待实施成熟的环保措施并降低开发成本。新西兰在北岛的东岸地区有两套富有机质页岩沉积，更深的 Whangai 页岩储层物性与巴尼特页岩相似。此外，美国能源信息管理部门发布报告，称巴基斯坦蕴藏约 105 万亿立方英尺的页岩气和超过 90 亿桶的石油，该测算结果远远高于已知的 24 万亿立方英尺页岩气和 3 亿桶石油的蕴藏量。目前，巴基斯坦天然气日均产量为 42 亿立方英尺，石油日均产量为 7 万桶。麻省理工学院的能源专家 Melanie Kenderdine 于 2012 年 4 月在伊斯坦布尔曾说土耳其的页岩气储量为 $4200 \times 10^8 m^3$，能够满足土耳其 10 年的能源需求，土耳其具有很大的页岩气开采潜力，已经做好准备开发页岩气。

而中国页岩气研究和勘探工作尚处于初期阶段（张金川等，2008c；李建忠等，2009；陈尚斌等，2010），尽早实现页岩气商业开发，对于我国能源安全保障及油气短缺现状的改善和缓解具有重要的意义。

三、中国页岩气勘探开发现状

我国自 1967 年第一次在四川盆地的邛 1 井发现天然气以来，就不断有页岩气被发现，尤其是 20 世纪 60 年代以来，已在松辽、渤海湾、四川、鄂尔多斯、柴达木等几乎所有陆上含油气盆地中发现了页岩气或泥页岩裂缝油气藏（图 1-4）。1966 年在四川盆地威远构造钻探的威 5 井，在 2795～2798m 井深寒武系筇竹寺组页岩中获日产气 $2.46 \times 10^4 m^3$，成为中国早期发现的典型的页岩产气井。

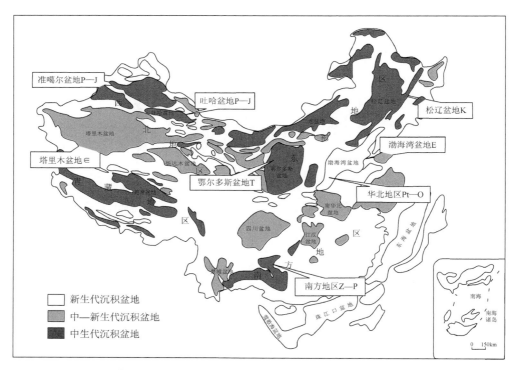

图 1-4　中国页岩气有利勘探区示意图（据邹才能等，2010）（见彩图）

2000 年以来，中国政府及相关企业就已高度重视页岩气的勘探开发，密切注视北美页岩气的发展动态。近年来，更是将页岩气的勘探开发提到重要日程。2006 年中国石油与美国新田石油公司进行了首次页岩气国际研讨，2007 年进一步开展了威远地区页岩气潜力开发可行性联合研究；2008 年国土资源部在全国油气资源战略选区调查与评价专项中确立了中国重点地区页岩气资源潜力和有利区带优选项目。中国石油等国内石油企业开始与丹文、埃克森美孚、康菲、壳牌等公司进行广泛的交流与选区评价。中国石油勘探开发研究院在上扬子地区古生代海相页岩地层广泛露头区地质调查与老井资料复查的基础上，在四川盆地南部钻探了中国第一口页岩气地质井——长芯 1 井，获取了大量页岩气地质信息，对四川盆地南部和上扬子地区页岩气的前景做了明确判断；2009 年中国石油与美国、挪威等国专家组织召开了页岩气国际研讨会，与壳牌（Shell）公司在四川盆地富顺—永川区块启动了中国第一个页岩气国际合作勘探开发项目，在四川盆地威远-长宁、云南昭通等地区率先开展了中国页岩气工业生产先导试验区建设。国土资源部与中国地质大学在四川盆地东部钻探了地质调查井——渝页 1 井，探索了页岩地层广泛出露区和高陡构造复杂区的页岩气勘探前景。2009 年 11 月美国总统奥巴马访问中国期间，与中国签署了《中美关于在页岩气领域开展合作的谅解备忘录》。

进入 21 世纪第 2 个十年，国内的页岩气勘探进度大大加快。2010 年中国石油与中国石化都通过自主研究与国际合作相结合的方式开展页岩气开发研究，其中中国石化与英国石油公司（BP）在贵州凯里、苏北黄桥等地着手合作开采页岩气，中国石油与康菲、挪威国家石油合作开展四川盆地中南部页岩气前景评价和勘探开发。2010 年 5 月，中石化首口页岩气井"方深 1 井"压裂成功，也是国内第一口实施大型压裂改造的页岩气井。2010 年 9 月，西南油气田经过两年多在页岩气勘探新领域研究后，2009 年部署的中国第一口页岩气评价井"威 201 井"获井口测试日产能 $1.08 \times 10^4 m^3$ 天然气工业性气流。2010 年 12 月底，我国第一个中外合作的页岩气勘探开发项目——中石油与壳牌公司合作的第一口页岩气井"阳101 井"正式开钻，标志着四川富顺区块页岩气合作开发项目步入新阶段。

2011 年 3 月，中石油完成了其位于中国西南部四川省威远地区的首口水平页岩气井威 201-H1 井的水平井段钻探作业。威 201-H1 井为中国国内第一个水平页岩气钻井。2011 年 4 月，在鄂尔多斯盆地，延长油矿施工的柳评 177 井压裂试气并成功点火，成为世界第一口陆相页岩气出气井。在此基础上，柳评 179、新 57、新 59、柳评 171、延页 1 井等相继压裂成功并获工业气流，形成了我国第一个陆相页岩气先导试验区，并于 2012 年 2 月顺利完钻自主设计并施工的延页平 1 井、延页平 2 井，拉开了陆相页岩气勘探开发序幕。

2012 年 3 月 8 日，中石化勘探南方分公司四川元坝区获高产页岩气流。2012年 6 月 26 日，重庆市与国家开发投资公司签署战略合作协议，根据协议，国投将投资 300 亿元在重庆进行页岩气勘探、开发、利用，建设沿江煤炭码头和国家煤炭应急储备基地。2012 年 9 月 10 日，国土资源部发布公告，面向社会各类投资主体公开招标出让页岩气探矿权。本次招标共推出 20 个区块，总面积为20 002km^2，分布在重庆、贵州、湖北、湖南、江西、浙江、安徽、河南 8 个省（市）。12 月 6 日，招标结果公布，成功出让 19 个区块，中标企业以国企、煤电企业为主，民营企业也成功中标两个区块。

2012 年 11 月 29 日，中石化首口海相页岩气井——焦页 1 HF 井在海相页岩层龙马溪组，试获日产 $20.3\times10^4m^3$ 高产工业气流，不含硫化氢。截至 2013 年 6 月 18 日，已稳产半年，按平均每天 $6.6\times10^4m^3$ 配产，累计生产页岩气 $1500\times10^4m^3$。2012 年 12 月 18 日，国内首个陆相页岩气开发示范区——延长石油延安国家级陆相页岩气示范区正式揭牌成立。目前，该示范区已探明页岩气储量 $1500\times10^8m^3$，预计"十二五"期间，延长石油将建成每年产能 $5\times10^8m^3$。

2013 年 1 月，由中石油与壳牌共同合作开发的富顺—永川区块内来 101 井投入试生产，正式向重庆永川区供气，日产 $5\times10^4m^3$。3 月，中国科技部发布的《国家重大科技专项 2012 年度报告》披露，通过"大型油气田及煤层气开发"重大专项研究，中国页岩气勘探开发领域已初步形成页岩气资源评价技术、勘探开发技术，具备页岩气开采能力。2013 年 5 月 20 日，位于青海柴达木盆地的页岩气探井柴页 1 井正式开钻，该井是由中国地调局油气中心负责实施的首口西北陆相侏罗系页岩气探井，位于柴达木盆地鱼卡—马海尕秀斜坡区，目的层系为中侏罗统大煤沟组泥页岩。

中国石油勘探开发研究院、中国石油西南油气田公司综合运用伽马能谱仪、元素捕获仪、探地雷达、陆地激光三维全信息扫描仪等新技术，开展了中国南方古生界页岩露头地质调查与实测，在四川盆地长宁地区建立了中国第一个海相页岩地层数字化标准剖面——长宁双河上奥陶统五峰组—下志留统龙马溪组页岩地层剖面。页岩气开发利用技术以国外引进为主，在此基础上国内研究人员也有所创新。从页岩气相关专利申请内容来看，包括页岩气钻进—固井—完井、压裂、采收技术，以及实验设备、勘探方法、资源评价方法等。其中压裂技术、设备专利申请最多，申请单位以国有石油企业为主；其次为实验测试装备，申请单位为高校与国有企业，包括页岩物性测试仪、含气量测试仪等；在页岩气井钻进—完井技术上也有涉及，以钻井完井设备为主，申请单位均为生产单位。其余知识产权情况涉及页岩气开发废水废气处理、增产-采收方法与设备、钻井液体系等。

国内也加快了页岩气的基础研究，目前已启动的页岩气相关国家重点基础研究发展计划（973）共两个，分别为"中国南方古生界页岩气赋存富集机理和资源潜力评价"与"中国南方海相页岩气高效开发的基础研究"，分别从理论角度与开发角度，针对我国南方实际地质情况，开展页岩气研究，此外尚有自然科学基金等国家级项目以及企业科技攻关项目等基金支持页岩气的基础理论、勘探选区、开发利用技术等方面的研究。

在政策引导方面，2011 年 12 月底，国家发展和改革委员会发布《外商投资产业指导目录（2011 年修订）》，其中鼓励外商投资产业目录第 9 项明确"页岩气等非常规天然气资源勘探、开发（限于合资、合作）"。2012 年 3 月 16 日，《页岩气发展规划（2011—2015 年）》发布，提出到 2015 年国内页岩气产量达 $65\times10^8m^3$，2020 年力争实现产量 $600\times10^8\sim1000\times10^8m^3$。4 月 10 日，国土资源部发布通知，要求各地做好征收中外合作开采石油补偿费工作，新规增加了企业使用资源的成本，征收对象从外国企业扩大到中国企业，由传统油气扩大到煤层气、页岩气等非常规油气资源。2012 年 4 月 16 日，国土资源部审议《全国页岩气资源调查评价与勘查示范实施方案》，提出 2012～2020 年内，积极推进页岩气资源调查评价工作，实施勘查示范工程，促进全国页岩气勘查快速发展，基本摸清我国页岩气资源家底和开发利用前景。2012 年 6 月 25 日，时任国家发展改革委员会副主任、国家能源局局长刘铁男在京主持召开了《页岩气发展规划（2011—2015 年）》贯彻落实会议，研究进一步推动页岩气勘探开发的支持政策，并就今后一段时期规划实施的具体要求做出安排部署。

国土资源部、石油企业和相关科研院校开展了中国扬子地区页岩气资源调查与选区评价示范区建设，其目标为今后 10 年内对中国页岩气资源展开全面系统的调查与评价，到 2020 年在中国优选出 20～30 个有利的勘探开发区，实现页岩气年产量 $150\times10^8\sim300\times10^8\text{m}^3$，使中国页岩气占天然气消费量的 5%～10%，成为影响中国未来天然气工业发展，乃至整个能源格局和国家战略的重要资源之一。

总之，借鉴北美页岩气勘探开发经验、通过广泛的国际交流与合作，目前中国已在南方多个地区开展针对古生界海相页岩地层的页岩气工业化勘探开发试验区建设，正在进行扬子、鄂尔多斯、塔里木、渤海湾、松辽等盆地或地区的页岩气基础研究和前期评价。利用地质类比，预测了中国页岩气资源潜力。但中国的页岩气勘探开发和相关研究起步较晚，目前总体仍处于起步阶段。

四、沁水盆地以往工作概况

山西省煤炭地质勘查研究院 2012 年的资料显示，沁水盆地蕴藏着丰富的煤炭和煤层气资源，是我国煤层气研究与开发的热点地区，其晚古生代太原组和山西组赋存着丰富的煤层气资源，总资源量为 $5.39\times10^{12}\text{m}^3$，占山西省煤层气总量的 64.9%，全国煤层气资源总量的 1/4，是目前国内勘探程度最高、储量条件稳定、开发潜力巨大、商业化程度较高的煤层气气田。目前盆地内有煤层气探采矿业权 22 个，面积占到盆地的三分之一，是我国实现局部大规模煤层气开发的唯一地区。近年来，沁水盆地还开展煤炭地质价款项目 86 个、探矿权 29 个，主要集中在盆地的北部、东部、南部及西部，中部因埋深大，勘探程度相对较差。通过这些地质工作，已基本摸清了沁水盆地的地层、构造、煤层等特征，地质工作程度较高，并且这些煤炭地质工作为页岩气的研究提供了基础保障。

山西省页岩气研究工作起步较晚，在 2009 年国土资源部启动的"全国页岩气资源潜力调查评价及有利区优选"项目上，估算了全省页岩气资源量为 $2.4\times10^{12}\text{m}^3$，占全国的 1.8%，目标层位为太原组、山西组以及下石盒子组，与煤炭、煤层气所属层位相同，其中沁水盆地是《山西省页岩气开发先导项目研究报告》（2011）圈定的主要的页岩气有利区，该项目通过对比国内外页岩气成藏条件和地质特征，总结页岩气富集区形成条件，并初步得出鄂尔多斯盆地与沁水盆地的页岩气资源量，分别为 $1.43 \times 10^{12} m^3$ 与 $0.65 \times 10^{12} m^3$。2011 年，中联煤层气公司承担的"沁水盆地页岩气资源战略调查与选区"项目中，对沁水盆地泥页岩发育层位、厚度、分布、赋存状况、岩性岩相以及泥页岩含气性特征进行研究，估算得到沁水盆地潜在资源量 $5.6 \times 10^{12} m^3$，其中太原组 $3.2 \times 10^{12} m^3$，山西组 $2.2 \times 10^{12} m^3$，下石盒子组 $0.23 \times 10^{12} m^3$，初步优选出长子-端氏、沁源及寿阳-阳泉三个远景有利区。顾娇扬等（2011）对沁水盆地太原组页岩气赋存条件研究认为：太原组泥页岩总厚 80～150m，平均 105m，泥岩-粉砂岩厚度约占总厚的 50%～57%；最大厚度位于寿阳、阳泉、和顺、左权一带，沁水盆地太原组泥页岩厚度、TOC 含量、有机质成熟度（R_o）均达到了页岩气气藏形成的条件。

此外，2012 年 7 月 2 日，山西省页岩气开发利用研讨会在太原召开，山西省发展和改革委员会邀请国内外专家举办讲座，旨在加快推进山西省页岩气开发利用研究的基础工作。

山西页岩气有限公司于 2012 年 9 月 17 日在山西省工商局正式注册成立，该公司为山西省国新能源集团公司下属公司，为该集团在页岩气开发方面的又一重要举措，下一步，山西省国新能源集团计划将前期完成的《山西页岩气开发利用先导项目》的研究付诸实践，按照"资源勘察、初探、先导试验、先导生产测试、商业性开发"的模式来逐步开展各方面工作，力争获得页岩气矿权，抢占资源先机，尽快实现山西页岩气商业性开发。

2012 年 10 月 12 日，中联煤层气有限责任公司 SY-Y-01 页岩气"参数+生产试验井"正式开工。该井位于山西省寿阳县马首乡肥村附近，设计井深约 1000m，由河南省煤田地质局三队煤层气勘查公司承担实施。该井要求从上石盒子组底部到完井全部取心，施工难度大，工程质量要求高。页岩气在该区块主要分布在二叠系下统下石盒子组、山西组和石炭系上统太原组的富有机质泥页岩地层中。

2013 年 1 月初，《山西省页岩气地质调查及评价》项目成功立项，主要针对山西省重点层位页岩气、砂岩气有效源岩和储层的空间发育特征、综合特征进行研究，为沁水盆地页岩气的研究提供了项目支持。

由此可见，沁水盆地油气研究较早，针对非常规天然气之一的煤层气地质研究较为深入，随着页岩气在全国范围内的迅猛发展，沁水盆地页岩气的研究也在逐步开展，但工作程度低，研究区域和目的层相对局限，而且现有的资源量计算方法主要针对南方海相页岩目的层，对该区海陆交互相-陆相页岩地层估算的页岩气资源量存在差异，故在沁水盆地开展深部页岩气资源调查与开发潜力评价，对推进山西省页岩气的研究起到重要作用。

第二节 研究内容及技术路线

本次研究运用沉积学、层序地层学、有机岩石学、矿物岩石学、岩石物理学、热动力学、流体力学和石油（天然气）地质学等学科理论，以基础地质资料与钻孔资料调研和野外露头调查为基础，以沁水盆地上古生界重点层位为主要研究对象，采用野外调查—室内测试—理论研究—注重应用的总体研究方案，结合沉积-埋藏-区域构造演化，深入研究沁水盆地深部页岩气源岩-储层综合特征，评价页岩气资源调查和开发潜力，从以下路线和阶段（图 1-5）综合主要研究内容。

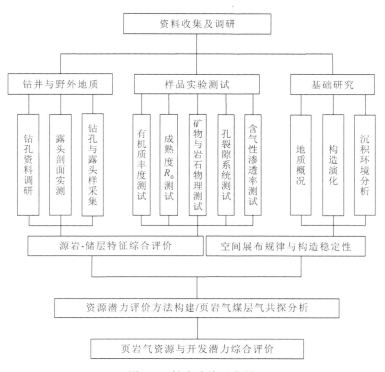

图 1-5 技术路线示意图

第一，对沁水盆地重点层位的页岩气有效源岩和储层的空间发育特征进行分析研究。在充分收集分析基础地质资料和钻孔资料的基础上，结合野外露头调查，统计沁水盆地上古生界重点层位（本溪组、太原组、山西组、下石盒子组）四个层段泥页岩空间发育特征；并以 TOC 含量测试为主要依据，确定页岩气有效源岩（即富有机质黑色泥页岩）厚度的比例；结合区域沉积环境，研究重点层位页岩气有效源岩和储层的空间发育展布规律。编制沁水盆地上古生界页岩气重点层位沉积相图、源岩-储层（泥页岩）厚度分布图、页岩气有效源岩厚度分布图。

　　第二，对重点层位页岩气源岩-储层综合特征进行研究。运用现代分析测试技术（如显微镜光度计、等温吸附仪、微孔结构分析仪、扫描电镜/能谱仪等），研究重点层位页岩气源岩的有机地球化学特征、源岩-储层综合特征，其中包括源岩有机质类型、有机质丰度和有机质成熟度、储层矿物岩石学和岩石物理学特征、孔裂隙系统及含气性渗透率等特征。编制沁水盆地上古生界页岩气重点层位 TOC 含量等值线图和有机质成熟度等值线图。

　　第三，对沉积-构造演化控制下的页岩气源岩-储层相对稳定区进行遴选。在源岩-储层综合评价基础上，结合研究区构造演化，分析源岩-储层的埋藏—受热—生烃—排烃历史，并以现今构造为基础，在沁水盆地筛选出重点层位产状较平缓、埋藏适中（600～3500m）、有一定规模的向斜或背斜弱改造区，编制页岩气源岩-储层稳定区图。

　　第四，对海陆交互相页岩气资源调查评价方法及页岩气-煤层气共探进行研究。以沁水盆地页岩气源岩-储层有机地化特征和储层物性等参数为主要指标，系统分析海陆交互相—过渡相—陆相页岩气成藏主控因素，在此基础上遴选高值参数，确定资源开发潜力评价指标，构建页岩气资源调查评价方法。上古生界海陆交互相富有机质页岩与煤层相伴生，页岩气藏与煤层气藏相邻，从理论上研究煤层气与页岩气的成藏模式及共探共采可行性。

　　第五，对重点层位页岩气资源调查、估算与开发潜力进行评价。在综合评价研究区重点层位页岩空间展布特征、有机地化特征、储层物性特征、构造发育特征等基础之上，依据所构建的海陆交互相页岩气资源评价方法，对沁水盆地深部重点层位页岩气资源潜力进行评定。并于构造稳定区中选取暗色泥岩厚度较大、埋藏适中、有机地化及储层物性指标较高的区域，圈定出页岩气勘探开发有利区，编制沁水盆地上古生界重点层位页岩气综合评价图。

第三节　主要工作量和成果

一、完成工作量

　　本次研究在全区共采集了 15 口岩心和 8 个野外露头点样品，收集 278 口钻孔资料，样品区域分布如图 1-6 所示。

　　经过三次岩心样品的采集以及 45 天的沁水盆地南北两区的野外地质调查、采样，在全区布设了石炭—二叠系煤系烃源岩的控制点，通过有机碳含量、镜质体

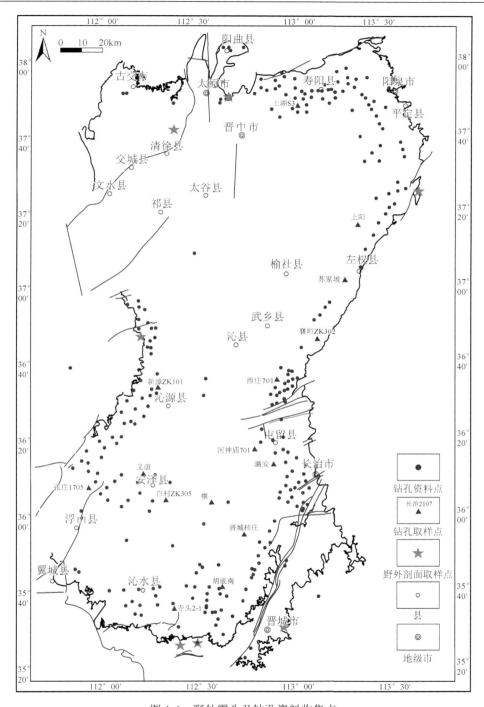

图 1-6 野外露头及钻孔资料收集点

反射率、矿物组分等 15 项实验测试分析（表 1-2），初步探明沁水盆地上古生界（本溪组、太原组、山西组、下石盒子组）四个层段暗色泥页岩发育层位的地化特征及储层发育特征，并基本优选出了较适合页岩气开发的区域。

表 1-2　分析项目及测试样品数量统计表

分析项目	设计工作量	完成工作量
TOC	300 个样品	477 个样品
镜质体反射率 R_o 测定	80 个样品	80 个样品
干酪根抽提+元素分析	—	8 个样品
热解分析	20 个样品	20 个样品
压汞实验	80 个样品	96 个样品
液氮吸附实验	80 个样品	82 个样品
等温吸附实验	30 个样品	30 个样品
全岩光片/岩石薄片制备	—	44/15 个样品
显微组分镜下观察	—	15 个样品
扫描电镜分析/FIB-SEM	40 个样品	43 个样品
孔隙、裂隙显微观察	80 张图片	222 张图片
泥页岩 X 射线衍射分析	80 个样品	106 个样品
泥页岩密度测定	—	5 个样品
渗透率测试	5 个	5 个样品
应力-应变分析	5 个	5 个样品

二、取得主要成果

本书主要取得下列成果。

1. 开展了野外地质调查，编制了典型野外剖面综合柱状图

通过调研沁水盆地地层特征，本次研究确定页岩产气目的层主要为石炭—二叠系煤系地层。基于沁水盆地石炭—二叠系含煤地层的露头分布，考虑煤田钻孔的收集情况，综合考虑全区泥页岩的空间展布特征，在沁南晋城、沁中沁源、沁北东山和阳泉等地进行野外地质调研，观察和实测剖面 8 条，采集样品 187 余块，拍摄照片 400 余张。野外调查工作基本控制了研究区四套地层的层序特征，确定暗色泥页岩发育层段及厚度特征，绘制了东山、阳泉、和顺、阳城和沁源 5 幅综合柱状图。

2. 根据区域目的层特征，划分出了四个页岩层段

鉴于研究区海陆交互相页岩体系中目的层垂向岩性变化大，页岩常与煤层、

灰岩、砂岩互层的特征，结合页岩气评价方法和技术，本次研究打破了组的概念，将研究区目的层划分为四个层段，分别为：①K_8底部到 3#煤顶板（第Ⅰ层段）；②3#煤底板到 K_4顶部（第Ⅱ层段）；③K_4底部到 15#煤顶板（第Ⅲ层段）；④15#煤底板到本溪组铁铝岩顶部（第Ⅳ层段）。同时分别对四个层段进行有机地球化学、空间展布、储层物性、沉积相等方面研究，分层段划分有利区，并计算了各层段有利区页岩气资源量。

3. 研究了区域目的层沉积环境，编制了沉积相图

系统研究了沁水盆地晚石炭世—早二叠世的沉积环境及其演化，并绘制了各个时期的岩相古地理图。研究表明，沁水盆地主要发育碳酸盐岩台地、碎屑岩浅海和三角洲 3 种沉积相类型，其中第Ⅳ层段发育了以障壁岛-潟湖体系为主，中间夹碳酸盐岩台地体系的一套沉积相组合。第Ⅲ层段为泥炭沼泽相，向上演化为滨外碳酸盐陆棚相、障壁砂坝相、潟湖相，构成了若干个完整的次级海进-海退沉积序列。第Ⅱ层段底部为潮坪潟湖相，向上变化为三角洲前缘相、三角洲平原相，整体呈海退序列，广泛发育潟湖相、水下分流河道、水下分流间湾、沼泽相、分流河道、天然堤。第Ⅰ层段以三角洲平原相为主，页岩主要发育于沼泽微相。分流河道相、天然堤相中发育的砂岩与页岩形成互层。

4. 结合沉积学特征研究了目的层展布特征，编制了泥页岩厚度等值线图

第Ⅰ层段页岩厚度在 6.7～68.5m，大部分区域厚度处于 20～40m。第Ⅱ层段页岩厚度在所划分四个泥页岩层段中最大，一般为 20～70m，大部分区域泥页岩厚度大于 30m，由西至东呈递增趋势，沁县、左权、屯留长治一带页岩厚度均在50m 以上。第Ⅲ层段页岩厚度较小，一般在 10～40m，大部分地区泥页岩厚度为10～30m。第Ⅳ层段页岩厚度整体呈由北向南递减的趋势，在盆地北部晋中—寿阳一带，页岩厚度在 40～80m，盆地中部地区页岩厚度在 30～50m，盆地南部的大部分地区页岩厚度降至 10～25m。

5. 从地球化学角度，分析了目的层页岩气的源岩特征，编制 TOC 含量和 R_o等值线图

对所测试的 23 个地点的样品进行统计分析，包括 15 个钻孔点，8 个野外点。第Ⅰ层段 TOC 在 0.60%～5.71%，平均为 2.33%，在平面上呈东部大并向西部递减的趋势，研究区西北及西南地区 TOC 值最小，均在 1.5%以下；在东北部寿阳一带，TOC 值达到最大；第Ⅱ层段 TOC 在 0.71%～4.67%，平均为 2.44%，中部及南部 TOC 普遍高于北部；第Ⅲ层段 TOC 在 0.88%～3.05%，平均为 2.15%；第Ⅳ层段 TOC 在 0.67%～3.25%，平均为 2.40%，呈现出中部大、南北两侧小的特点。

晚古生代泥页岩 R_o基本都处于 1.8%～2.5%范围内，部分样品中泥页岩 R_o达

到 3.0%，大部分已经进入干气窗内，位于成熟—高成熟阶段，生成大量的热成因甲烷。在盆地南端的晋城、阳城一带石炭—二叠系地层的镜质体反射率最高，可达 3.5%左右。

6. 通过大量实验，弄清了各个目的层页岩气储层特征

运用 X 射线衍射技术、显微光度计、扫描电镜/能谱分析、压汞和低温液氮、等温吸附实验等测试分析，综合分析各个地层的储集层特征。

研究表明，海陆交互相泥页岩主要发育黑色碳质页岩相、粉砂质页岩相、钙质页岩相和黑色普通页岩相四种岩相组合。X 射线分析表明研究区泥页岩主要矿物为黏土矿物、石英、斜长石、菱铁矿、黄铁矿和重晶石。显微镜下观察泥页岩总体上较为致密，裂隙较发育，以平行裂缝、交叉裂缝、Y 形裂缝及复杂裂缝系统为主。扫描电镜观察泥页岩主要发育有机质孔、粒内孔（脆性矿物、黏土矿物）、粒内溶蚀孔、黄铁矿晶间孔和粒间孔等类型，压汞实验表明页岩孔隙度主要介于 1.0%～2.0%，总孔比表面积一般介于 1.5～3.0m^2/g，页岩储集空间以直径小于 100nm 的中（小-过渡）微裂隙和孔隙为主。低温液氮实验测试结果同样表明：孔隙直径主要介于 8～16nm，最大可达 34.55nm，其中第 I 层段泥页岩孔径平均为 12.30nm，第 II 层段约为 11.62nm，而第 III 和第 IV 层段泥页岩孔隙直径相对较小，平均为 8.63～9.33nm，泥页岩总孔比表面积平均为 9.39m^2/g。等温吸附实验表明，泥页岩吸附量较小，在 30℃下最大吸附量为 0.440～4.734m^3/t，平均为 1.46m^3/t。通过脆性分析可知，第 I 层段、第 II 层段、第 III 层段三套泥页岩的脆性系数均在 28%以上，而第 IV 层段两个样品指示出其脆性矿物含量甚少，总体而言，研究区页岩储层脆性系数普遍小于南方海相下古生界泥页岩。

7. 研究了区域构造特征，编制相对稳定区平面分布图及第 IV 层段底界埋藏深度等值线图

构造相对稳定区筛选主要为三个大区（盆地南部，盆地中、北部，晋中地堑）、一个小区（西山煤田南部）。盆地南部主要分布于古县—浇底断裂构造带以东、双头—襄垣断裂构造带以南，东部和南部边界大致以上石盒子组底部露头线为界，东北部避开二岗山南北断层。

沁水盆地泥岩埋深 1000m 以深占盆地面积的四分之三以上，埋深梯度变化在盆地周边大，向深部逐渐变小；西部大，东部小。

8. 建立了海陆交互相页岩气资源调查评价体系

参考海相页岩评价体系，并结合海陆交互相页岩体系特征，从生烃条件、储层条件、保存条件等方面建立起了海陆交互相页岩气资源调查评价体系，评价体系中评价指标有：有机质丰度、有机质成熟度、地层总厚度、泥地比、夹层厚度、孔隙度、渗透率、含气性、矿物成分、构造特征、地层埋藏史等。

9. 分四个层段对研究区厚度大于 10m、埋深大于 600m、TOC 大于 1.0%的页岩储层进行了页岩气的潜在资源量计算

研究区石炭—二叠系四段暗色泥岩页岩气潜在资源总量为 $6.15 \times 10^{12} m^3$，其中第 I 层段页岩气潜在资源量为 $1.31 \times 10^{12} m^3$，第 II 层段页岩气潜在资源量为 $2.26 \times 10^{12} m^3$，第 III 层段页岩气潜在资源量为 $1.19 \times 10^{12} m^3$，第 IV 层段页岩气潜在资源量为 $1.40 \times 10^{12} m^3$。

10. 综合页岩厚度、埋深、含气量、有机质丰度、脆性矿物、有机质演化程度、构造稳定性等指标，划分出研究区页岩气有利勘查区

研究区第 I 层段有利区面积较小且分散，有利区位置位于寿阳县东南松塔镇附近、沁源县、沁水县东北部等地，总面积共 1496.89km²。第 II 层段泥页岩厚度大且有机质丰度高，各页岩气地质配置均较好，有利勘查区面积为 8420.31km²。第 III 层段页岩气有利区主要位于寿阳县的南部及平遥县的西部和北部，东南部长治碾张地区有零星发育，页岩气有利区总面积为 1854.44km²。第 IV 层段泥页岩发育也较好，有利区位置主要位于研究区北部与中部地区，总面积为 6550.43km²。

11. 利用体积法分层段计算了沁水盆地页岩气有利区资源量

整个沁水盆地上古生界泥页岩所含页岩气有利区资源量为 $2.33 \times 10^{12} m^3$，其中第 I 层段页岩气有利区资源量为 $0.16 \times 10^{12} m^3$，第 II 层段页岩气有利区资源量为 $1.21 \times 10^{12} m^3$，第 III 层段页岩气有利区资源量为 $0.22 \times 10^{12} m^3$，第 IV 层段页岩气有利区资源量为 $0.75 \times 10^{12} m^3$。

12. 页岩气-煤层气共探分析

研究区石炭—二叠纪含煤地层适合于煤层气、页岩气的共探共采。第 I 层段、第 II 层段、3#煤可作为一个共探共采系统。适合共探共采的煤层气、页岩气储层埋深为 1000～3500m，开采方式为水平井、水力压裂，水平井位置为距离煤层较近的页岩储层中。

第二章 页岩气地质背景

第一节 地 质 概 况

沁水盆地位于山西地块东南部，地处北纬 35°15′～38°10′，东经 111°45′～113°45′，总体呈长轴沿北北东向延伸，是一个东西宽约 120km，南北长约 330km，总面积超过 $3×10^4km^2$ 的中间收缩的椭圆状复向斜构造。复向斜核部地层平缓，轴部位于沁水、沁县和榆社一线，东西两侧分别为太行隆起带和吕梁隆起带，两隆起带皆由走向雁行式排列的复背斜和复向斜组成，并以复背斜构造为主，复向斜相对不甚发育。盆地周边为太行山、王屋山、中条山及太岳山等山脉圈限，海拔多在 700m 以上，地形起伏大，多为切割显著的黄土地貌。下古生界地层在盆地四周出露地表，向盆地内部依次出露上古生界及中生界地层，在盆地中心沁源、沁县、安泽和沁水一带，三叠系大面积出露。

沁水盆地属暖湿带季风型大陆性气候，年平均最高气温 22～27℃，年降水量 400～650mm。区内有沁河、浊漳河、清漳河等水系，全年流量变化大，含沙量高，为典型的黄土高原河流。全区有石太线、太焦线、侯西线及南同蒲线等铁路贯通，公路有太旧高速，交通较为便利。

本区地层属华北地层区划，是我国陆上较大的含煤盆地之一，主要含煤地层为上石炭统太原组和下二叠统山西组，盆地中心出露三叠系地层，自盆地内部向周边隆起依次出露三叠系—太古界地层（图 2-1；表 2-1）。煤田面积达 30 000km²，盆地煤炭储量约 $2700×10^8t$ 左右，煤田构造简单，煤层厚度大，可采煤层多达 10 层以上，单层最大厚度 6.5m，煤层总厚度在 1.2～23.6m。主力 3#、15#煤全煤田发育，煤层埋深适中（300～1000m），沿盆地四周的斜坡地带煤层埋深深度多在 1500m 以内，沿整个盆地的东侧及南侧约 800m 埋深线以内。沁水煤田煤质主要是中—高变质烟煤和无烟煤为主。

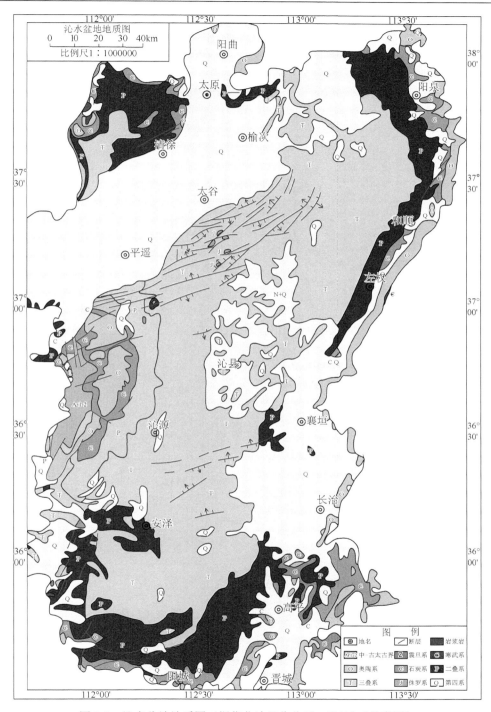

图 2-1　沁水盆地地质图（据华北油田分公司，2011）（见彩图）

表 2-1　沁水盆地地层表

界	系	统	组	厚度/m	岩性特征简述
新生界	第四系		Q	0～330	棕红、黄绿、土黄色黏土、亚黏土以及砂和砾石
	新近系		N	0～309	灰白、黄绿、棕色、紫褐色黏土、砂质黏土、砂、砂砾石
中生界		中统	大同组 J₂d	—	灰白色中、粗粒砂岩，黑灰色粉砂岩、细粒砂岩、泥岩
	三叠系	上统	延长组 T₃y	38～123	灰黄、黄绿色砂岩夹灰、灰绿、紫色泥岩
		中统	铜川组 T₂t	413～483	带灰色调的红、黄、绿、紫色砂层及泥岩互层
			二马营组 T₂e	386～651	灰绿、黄绿、灰白色砂岩与紫色、暗紫色砂质泥岩互层，下部砂岩发育，上部泥岩发育
		下统	和尚沟组 T₁h	91～279	紫红、砖红色砂质泥岩夹灰紫色-紫红色砂岩
			刘家沟 T₁l	414～633	灰紫红、灰红、紫红色砂岩夹紫红色粉砂岩，砂质页岩，砾岩，灰白色石英砂岩及灰、灰绿色长石砂岩
上古生界	二叠系	上统	石千峰组 P₂sh	66～186	紫红、砖红色泥岩夹黄绿色、紫红色细粒长石砂岩，长石英砂岩及少量泥灰岩、泥质灰岩
		中统	上石盒子组 P₂s	326～644	紫红、黄绿、灰、蓝紫色泥岩，黄绿、灰黄、杏黄色细粒石英砂岩，顶部含燧石层
			下石盒子组 P₂x	93～194	黄绿、灰黄、黄绿色页岩及砂质页岩夹杏黄、黄绿色中—细粒长石石英砂岩、长石砂岩、石英砂岩及煤线，顶部桃色泥岩，底部为骆驼脖子砂岩（K₈）
		下统	山西组 P₁s	35～90	灰色、灰白色粗粒长石石英砂岩，石英砂岩，灰、灰黑色粉砂岩、砂质泥岩、泥岩夹煤层。总体是北厚南薄；含煤2～7层，位于中下部，底部为北岔沟砂岩（K₇）
		上统	太原组 C₂-P₁t	61～150	灰、灰白色砂岩，灰、灰黑色粉砂岩，砂质泥岩，泥岩夹煤层及石英岩；含煤4～14层，底部为晋祠砂岩（K₁）
	石炭系		本溪组 C₂b	5～75	黑、灰黑色铝质泥岩，粉砂岩，细砂岩夹薄煤层及灰岩；底部为鸡窝状黄铁矿、灰白色铝质岩、铝质泥岩
下古生界	奥陶系	上统	峰峰组 O₂f	0～216	下部：灰黄色白云质泥灰岩夹灰岩；上部：灰黑色、青灰色石灰岩
			上马家沟组 O₂s	167～293	白云质泥灰岩、豹皮状灰岩
			下马家沟组 O₂x	75～195	白云岩及白云质灰岩、底部为石英砂岩
		下统		64～209	白云岩及白云质灰岩、夹泥岩、页岩、竹叶状白云岩及燧石结核或燧石层
	寒武系			377～560	灰岩、竹叶状灰岩、白云岩、底部为砂砾岩或页岩
	前寒武系			0～近万米	碎屑岩、碳酸盐岩、变质岩、火山岩

第二节 地 层 特 征

沁水煤田位于山西地层分区，是在华北克拉通基础上发展、分异而成的。中—新生代以来，太平洋板块对欧亚板块的俯冲作用以及印度板块与欧亚板块的碰撞隆升的远程效应使华北板块发生陆内造山运动，形成一系列既互相对立又相互协调的盆岭构造单元。沁水盆地属于构造活动相对较弱的克拉通内断陷盆地，但它既有别于其西侧的鄂尔多斯盆地（石炭—二叠纪煤系沉积之后长期持续稳定沉降，上覆地层巨厚、构造相对简单）；也有别于其东侧的太行山以东的华北东部断块含煤和油气区（石炭—二叠系被后期构造运动强烈改造）。盆地基底由晚太古代—早元古代变质岩系组成，最早的沉积盖层为中—晚元古代裂陷槽环境碎屑岩-碳酸盐岩-基性火山岩建造。寒武纪—中奥陶世海相碳酸盐岩、碎屑岩建造不整合于下覆地层上。盆地内缺少晚奥陶世—早石炭世地层。晚石炭世—二叠纪为含煤碎屑岩夹碳酸盐岩建造。三叠纪山间河湖相杂色碎屑岩与晚古生代之间为连续沉积，晚三叠世以来山西断块差异性抬升使得盆地沉积环境动荡多变，陆相地层发育不连续。在燕山中期，即晚侏罗世—早白垩世，沁水盆地发生了晚古生代以来最重要的构造-岩浆热事件，此次构造-热事件发生的时间与华北板块岩石圈范围内由亏损地幔性质转变为富集地幔性质以及岩石圈减薄时期一致，并受到华北东部中生代构造体制转换过程控制。沁水盆地构造-热事件的存在及发生时间的确定，表明华北板块中生代以来减薄的西界至少可推到沁水盆地以西地区（任战利等，2005）。显然，沁水盆地这一地质背景，对含煤地层的变形与煤变质作用，乃至其他诸如煤层气等具有重要的控制作用，致使煤层变质，以中—高变质烟煤和无烟煤为主。

一、地层简况

（一）元古界

沁水盆地前寒武系地层发育较好，研究程度高，中太古代主要发育具孔慈岩特征的界河口群，晚太古代主要发育绿片岩相-角闪岩相变质的含条带状磁铁石英岩的裂谷型以及拉斑玄武岩和细碧岩为主的双峰式火山岩系列的石咀群、台怀群和浊积岩相的高繁群。早元古代发育完整的变质砾岩-碳酸盐岩旋回性明显的沉积组合；中元古代主要发育以白云岩为主的高于庄组和雾迷山组；晚元古代较不发育，震旦系仅分布在中条山—王屋山分区内，其他地层区内均缺失。

（二）古生界

早古生代沁水盆地内为一套陆表海环境下的碳酸盐岩沉积，自西向东超覆于前寒武纪之上，主要为馒头组、张夏组、三山子组、上下马家沟组、峰峰组，其中北部地区奥陶系受到不同程度的剥蚀；晚古生代发育有近海三角洲平原海陆交互相的本溪组、太原组、山西组，近海大型盆地河湖相的上、下石盒子组、石千峰组、二马营组、延长组。

（三）中生界

中生代三叠系以大型内陆干旱盆地环境下沉积的紫红色、灰绿色长石砂岩夹紫红色泥岩为主；侏罗纪、白垩纪以小型山间盆地环境下沉积的砾岩、紫红色泥岩为主，主要发育内陆河湖相含煤岩系的永定庄组、大同组、云岗组、天池河组。

（四）新生界

古近系在沁水盆地内缺失，山西省内仅在中条山南麓的垣曲盆地以及繁峙县北部有所发育。新近系—第四系分布广泛，岩相变化大。中部盆地中以河、湖相灰绿色泥、粉砂、细砂沉积为主，高原、山地以灰黄色、红色土状堆积为主，河谷中以河流相砂砾、粉砂质土状沉积为主。主要发育了静乐组、保德组以及漳河盆地中的任家垴组、张村组、楼则峪组等，以及上覆匼河组、丁村组、峙峪组、选仁组、沱阳组等。区域地层分布情况如表 2-1 所示。

二、页岩气储层目标层段

沁水盆地页岩气预期发育的重点层位为石炭—二叠系本溪组、太原组、山西组以及下石盒子组，简述如下。

（一）本溪组（C_2b）

为一套海相沉积，形成于潟湖、潮道环境，主要为砂岩、砾岩、碳质泥岩，铝质泥岩、透镜状石灰岩，偶夹薄煤层，南北超覆于较老地层之上，中部地区与下伏奥陶系呈平行不整合接触。本组厚度变化较大，为 0～60m，一般 11～40m，总体而言北、中部厚，南部薄，盆地北部阳泉一带可达 45～55m，而东南部长治、陵川、晋城一带本溪组发育已相当不稳定，部分地区已尖灭缺失。

（二）太原组（C_2-P_1t）

太原组为一套海陆交互相沉积，形成于陆表海碳酸盐岩台地沉积和堡岛沉积的复合沉积体系，连续沉积于本溪组之上，主要由深灰色-灰色石灰岩、泥岩、砂质泥岩、粉砂岩、灰白-灰色砂岩及煤层组成，其底界以晋祠砂岩（K_1）为分界标志，顶界位于北岔沟砂岩（K_7）层位底部，厚为 50～140m，其中泥页岩总厚度在 46～65m，最大厚度位于寿阳、阳泉、和顺—左权一带，其含量在 50%～58%，比沁源、高平—樊庄一带偏高。含煤 7～16 层，下部煤层发育较好。太原组主要含煤地层中 15#煤层（下主煤层）厚度大、分布广，15#煤层为潮坪上的泥炭沼泽相沉积。全区稳定可采，是本区主要可采煤层。灰岩 3～11 层，以 K_2、K_3、K_5 三层灰岩较稳定；具多种类型层理；泥岩及粉砂岩中富含黄铁矿、菱铁矿结核；动植物化石极为丰富。据岩性、化石组合及区域对比，自下而上将本组分为一、二、三段。现分述如下：

一段（K_1 底～K_2 底）：由灰黑色泥岩、深灰色粉砂岩、灰白色细粒砂岩、煤层及 1～2 层不稳定的灰岩组成。本段有煤层 3 层，自上而下编为 14～16#。其中 15#煤层全区稳定分布，为煤层气开发的目的层之一。本段为障壁砂坝、潟湖、潮坪及沼泽等沉积。

二段（K_2 底～K_4 顶）：主要由灰岩、泥岩、粉砂岩、细—中粒砂岩及煤层组成。以色深、粒细、灰岩发育、逆粒序为特征。本段有煤层 3 层，编号为 11～13#煤层，煤层薄而不稳定。本段有三个旋回，主要由碳酸盐台地、潮坪和水下三角洲沉积组成。各煤层均在每个旋回顶部，层位稳定。

三段（K_4 顶～K_7 砂岩底）：主要由砂岩、粉砂岩、泥岩、灰岩及煤层组成。本段有煤层 7 层，编号为 5～10#，其中 9#煤为局部可采煤层，其他煤层多薄而不稳定。本段为碳酸盐台地-滨海三角洲交互沉积。

（三）山西组（P_1s）

发育于陆表海沉积背景下的三角洲平原泥炭沼泽沉积，一般以三角洲河口砂坝、支流间湾开始过渡到三角洲平原相，位于 K_7 砂岩至 K_8 砂岩底，由灰色泥页岩、粉砂质泥页岩夹白色石英砂岩-碳质页岩、煤层组成若干个旋回，各地旋回个数不一。山西组地层厚 20～120m，最大厚度在沁源一带，由北西至南东，灰岩层数与厚度均呈现逐渐增加的趋势，其中泥页岩总厚度多在 28～72m，最厚处也位于沁源一带，其含量在 57%～72%，以和顺—左权、沁源一带最高。

第三节　水文地质条件

水文地质条件控制着页岩气的保存和运移，是影响页岩气成藏和后期生产的重要地质因素。地表水携带的细菌有利于生物排烃，地层水对气体既可以起到运移作用,又可以起到封堵作用,同时还可以溶解气体,打破储层中原有吸附气、游离气和溶解气之间的动态平衡。如果储层中地层水丰富,将会大大降低储层的压裂效果,导致排采失败。

一、地下水类型及特征

地下水类型多样,有上层滞水、潜水、承压水、孔隙水、裂隙水和岩溶水等多种类型。

上层滞水是埋藏在包气带中局部隔水层之上的重力水。它一般分布不广,季节性存在,雨季出现,干旱季节消失,其动态与气候、水文因素的变化密切相关。潜水是埋藏在地表以下第一个稳定隔水层以上、具有自由水面的重力水。潜水在自然界中分布很广,一般埋藏于第四纪松散沉积物的孔隙及坚硬岩石的风化壳的裂隙、溶洞内。承压水是充满于两个稳压隔水层之间含水层中的重力水。孔隙水是存在于疏松岩层孔隙中的地下水。疏松岩层包括第四纪和部分第三纪沉积物及坚硬基岩的风化壳。裂隙水是埋藏于基岩裂隙中的地下水,按岩石裂隙的成因,裂隙水可分为风化裂隙水、成岩裂隙水和构造裂隙水三种类型。按含水裂隙的产状,可分为层状裂隙水和脉状裂隙水。按埋藏条件,可分为裂隙潜水和裂隙承压水。岩溶水是储存和运动于可溶性岩体中的地下水,当碳酸盐、硫酸盐及卤化物等可溶性岩石与水流接触时,便产生溶蚀和冲蚀作用,其结果是在可溶性岩体中形成一些溶蚀裂隙、溶洞和溶蚀通道,在可溶性岩体的表面形成大小不等、形态不一的石林、干河床、落水洞、漏斗、溶蚀洼地、盲谷甚至大面积的塌陷等独特的地貌景观,这些统称为岩溶现象或岩溶地貌(喀斯特)。

二、主要含水层和隔水层类型

沁水盆地主要含水层按含水介质可分为四种类型:奥陶系灰岩岩溶裂隙含水层组,上石炭统太原组灰岩岩溶裂隙含水层组,煤层上覆砂岩裂隙含水层组,新生界松散层含水层组。沁水盆地石炭—二叠纪地层中,上述四类含水层对页岩气成藏及开采具有重要的影响。

(一)奥陶系灰岩岩溶裂隙含水层组

奥陶系灰岩地层在盆地周缘大面积出露,为一套海相碳酸盐岩沉积,构造裂隙及溶蚀孔洞发育,含丰富岩溶水,是区域性主要含水层。奥陶系地层一般由上而下泥质含量逐渐降低,岩溶裂隙越来越发育,含水性越来越强。受大气降水补给条件影响,盆地边缘浅部灰岩层裂隙岩溶发育,地下水活动强烈,而盆地内部埋藏深的灰岩地层，岩溶发育程度相对较弱。地层水矿化度为 900～1400mg/L，属 $NaHCO_3$ 水型，pH 为 7.3～8.6（表 2-2）。盆地边缘的阳城、阳泉附近岩溶水矿化度较低，一般小于 500mg/L，属 Na_2SO_4 水型，可能受地下水渗漏所致。钻孔抽水试验单位涌水量为 0.0015～16.67L/(s·m)，一般大于 2.05L/(s·m)。该含水层垂向岩溶和落水洞的发育，连通性较好，水力联系较为密切。

表 2-2　沁水盆地主要含水层特征（据池卫国，1998）

类型	层位	岩性	赋存空间	pH	水型	矿化度/（mg/L）	单位涌水量/[L/（s·m）]	渗透系数/（m/d）	富水性
裂隙松散孔隙含水层	N+O	砂砾岩	孔隙	7.2～7.6	Na_2SO_4 $NaHCO_3$	430～600	0.187～1.81	0.11～39.1	中等
裂隙含水层	T	砂岩	裂隙	7.6～9.4	$NaHCO_3$	700～1100	1.6～2.3	0.2～0.71	中等
	C-P	砂岩、页岩	裂隙		$NaHCO_3$		0.001～0.0091		弱
		煤	割理、裂隙		—		0.001～0.008		弱
裂缝岩溶含水层	C_2t	灰岩	裂缝、孔洞	8.0～9.1	$NaHCO_3$	800～1500	0.0008～0.57	0.009～2.61	较弱
	O_2m	灰岩	裂缝、孔洞	7.3～8.6	$NaHCO_3$ Na_2SO_4	＜500～1400	0.0015～16.67 一般大于 2.05		强

（二）上石炭统太原组灰岩岩溶裂隙含水层组

太原组灰岩多达 6 层，其中三层为较稳定灰岩，自下而上为 K_2、K_3、K_4。三层灰岩位于 15#煤层以上 15～50m。K_2 灰岩层位稳定，平均厚度为 6.94m，灰岩质不纯，夹有燧石，常被泥质岩分割成 2～3 层。K_3 灰岩层位稳定，平均厚度 3.12m，质地较纯，含泥质及大量海百合茎及腕足类动物化石；K_4 灰岩层位稳定，均厚 2.64m，质不纯，泥质含量高。本组岩溶浅部较深部明显发育，主要是溶孔、溶隙。由于厚度薄，地表呈狭窄条带状分布，补给面积有限，富水性较弱。地下水 pH 为 8.0～9.1，属 $NaHCO_3$ 水型，矿化度为 800～1500mg/L。三层灰岩岩溶裂隙多被方解石充填，但不排除局部地段富水性较强。太原组含水层的富水性受埋深条件的制约，一般来说埋深大的富水性差，埋深浅的富水性较好。

（三）砂岩裂隙含水层组

石炭—二叠地层中各砂岩含水层之间发育有层数不等的泥质岩类，在无构造的条件下各含水层之间连通性较差，水力联系不密切。砂岩层中垂向裂隙的发育可能会导致其上覆及下伏泥页岩发育溶蚀裂隙。在盆地周缘砂岩出露地表，尤其是粗砂岩在地表水的补给下富水性较强，随着埋深增大，含水性逐渐变弱。地下水 pH 为 7.6～9.4，属 $NaHCO_3$ 水型，少部分为 $MgCl_2$ 型，矿化度一般为 700～1100mg/L。

（四）新生界松散层含水层组

新生界松散孔隙含水层距离石炭—二叠系泥页岩层较远，新生界底部黏土层是良好的隔水层，与页岩层发生水力联系的可能性极少。上古生界石千峰组百余米厚的泥质岩伏于中生界裂隙含水层之下，是区域隔水层，使该含水层对目的层页岩的影响甚微。下石盒子组有多层较厚泥质岩，隔水性能良好，上石盒子组砂岩裂隙含水层对目的层基本没有影响。

石炭—二叠纪地层泥页岩发育层数较多，为隔水层，但单层厚度不大，在构造裂隙发育地区，泥页岩易受含水层中地下水影响。盆地周缘的泥岩、页岩及煤层也在地表水的作用下发育裂隙，但由于岩性致密，富水性弱，溶蚀裂隙局部发育，规模小，对具有一定埋深的泥页岩基本没有影响。

泥页岩与围岩的水力沟通程度主要取决于围岩的裂隙开启及岩溶发育程度。石炭系、二叠系砂岩裂隙含水层富水性较弱，对页岩气开采影响有限。奥陶系灰岩和石炭系太原组局部灰岩富水性强，在断裂及岩溶陷落发育地区对页岩气储层有直接影响，不利于页岩气开采。

一般而言，盆地周缘因受地表水影响，含水层富水性强，随着埋深的增加因地表补给能力逐渐降低（图 2-2），富水性也越来越弱，在构造简单区，深部页岩气开采基本不受地下水的影响。

第四节　岩浆活动史及岩浆岩分布

山西隆起地区的岩浆活动较为频繁，从中新太古代、元古代、晚古生代、中生代到新生代均有不同类型的岩浆岩形成，其中以五台期、吕梁期及燕山期岩浆活动最为强烈。太古代和元古代岩浆岩存在于前寒武系地层中，其岩体小，多以脉状产出，岩性以超基性岩、基性岩和酸性岩为主，主要分布在太岳山区；中生代（特别是燕山期）是华北地区岩浆活动的鼎盛时期。岩浆岩类也较复杂，既有侵入岩，也有大面积分布的火山岩。沁水盆地岩浆活动不甚发育，但对本区产生一定的潜在影响。位于西北侧晋中裂陷盆地中隐伏的祁县二长岩体及凝灰岩，目前对其岩体展布范围还难以确定，但推断该岩体对该处的煤层变质及其连续性会造成一定的影响。另外沁水煤田东北、东南端阳泉、晋城等地的高

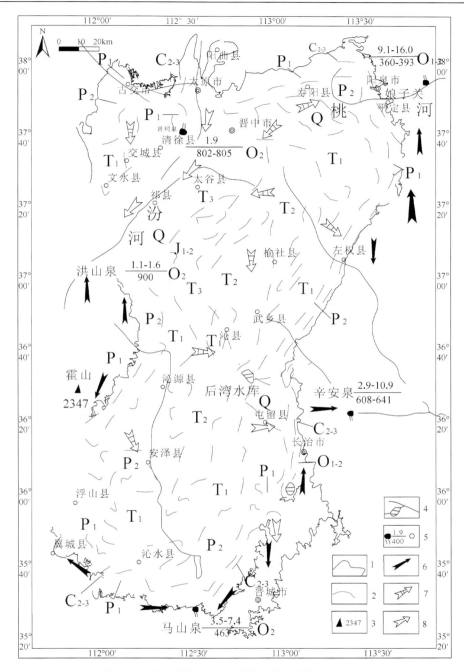

图 2-2 沁水盆地水文地质图（据池卫国，1998）

1-盆地边界；2-地质界线；3-山峰及海拔（m）；4-河流与水库；5-泉水流量（m³/s）/泉口高程（m）；
6-岩溶地下水主径流方向；7-裂隙地下水主径流方向；8-孔隙地下水主径流方向

变质煤带应该与岩浆活动有关，岩浆热作用提高了煤的变质程度，即煤在区域变质的基础上叠加了岩浆热变质作用。具体对沁水盆地含煤地层有影响的岩浆岩如下。

一、海西期岩浆岩

本期岩浆岩主要有两处分布：一处分布于太原西山煤田，面积约 600km^2，产于石炭系太原组晋祠砂岩和毛儿沟灰岩中，为火山晶屑凝灰岩、层凝灰岩，总厚度为 5.5m，与其他沉积碎屑岩、碳酸盐岩呈逐渐过渡关系；另一处分布于阳泉市荫营及锁簧等地，产于石炭系太原组四节石灰岩之下，厚 22.9m，岩石呈黄绿、黄褐色，层理发育，含有植物化石碎片，呈接触式砂状结构。其主要成分为安山岩岩屑，其次为燧石、石英岩、黏土岩等沉积岩岩屑，晶屑成分为斜长石、石英等，主要胶结物为安山质、碳酸盐岩及褐铁矿等。

该阶段，古地热场属正常地热场范畴，有机质生烃作用服从深成变质作用规律。

二、燕山期岩浆岩

本区燕山期岩浆岩主要为偏碱性、碱性侵入岩，该系列侵入岩分布于平顺—陵川、塔儿山—二峰山、紫金山等地，它是整个华北断块区内部发育的碱性、偏碱性岩的重要组成部分。由于各分布区所处的地质构造位置不同，出现的岩石组合有所不同，其形成的时间都是燕山早期第二阶段开始，至燕山晚期结束。平顺—陵川偏碱中基性杂岩群出露于平顺县南部、壶关县东部和陵川县东北部，呈两个南北向的岩带。东岩带全长 50km，宽 1～2km，岩性以闪长岩和正长闪长岩为主。西岩带全长 40km，宽 1km 左右，岩体岩性较为简单一致，多为含石英闪长岩，部分岩体为闪长岩。二者形态产状基本呈上"松塔状"或"伞形"岩盖、岩株，塔尔山—二峰山岩体为区内最大的出露岩体，呈枝状产出，分布面积大于 100km^2，与其呈侵入接触的最新地层是三叠系二马营组。根据同位素年龄测定结果，岩体的侵入时代为白垩纪早中期。该岩体对附近石炭—二叠系页岩及煤的生烃作用具有一定影响，从而造成侵入体附近煤级呈环带状分布（刘焕杰，1998）。

对于沁水盆地晚古生代煤系地层中有机质演化而言，燕山期岩浆活动具有重要作用。燕山中期是最重要的岩浆-热事件发生时期。据中外学者研究，燕山中期至古近纪，太平洋北部的库拉—太平洋洋脊逐渐倾没于亚洲东部边缘岛弧之下，倾没的洋脊及洋脊两侧热板块的侧向扩张，使我国东部的构造应力场由北西向的挤压体制转变为北西向的拉张体制。在拉张体制的作用下，我国东部原先坳隆相间的构造格局发展为一系列的拉张型地堑。深部岩浆岩沿深大断裂喷溢至地表或侵入地壳浅部，形成规模不等的附加热源（秦勇等，1998）。

三、喜马拉雅期玄武岩

喜马拉雅期火山活动主要表现为玄武岩喷出，在山西省主要分布于繁峙、应县—怀仁、右玉—左云、天镇、大同等地，零星见于沁水盆地昔阳—平定县之间及左权县东部。岩性以橄榄玄武岩为主，此外尚有辉石橄玄岩、玻基橄玄岩等，常具伊丁石化。分布面积一般数十平方千米，厚 60～260m，赋存于上新统上部，多呈层状岩流并残存火山锥。

进入新生代以后，太平洋板块的运动方向发生变化，华北地区再次遭受NEE—SWW 向的强烈挤压。此时，虽然仍残留一些表现为张性构造的地壳变形，但水平挤压应力场作用下的剪切构造已占主要地位，这对深部流体的大面积上涌某种程度上起到遏制作用。此阶段，晚古生代地层受热温度和强度显著低于燕山运动中期，因此，泥页岩中有机质生烃作用不会得以进展。

除暴露于地表或侵入目的层及其以上层位的岩体以外，区内存在隐伏岩浆岩体的可能性不容忽视。根据已有资料和区内岩浆活动规律分析，区内翼城、安泽、阳城、晋城范围内可能存在较大规模的燕山期隐伏岩浆岩侵入体，侵位较深。其主要证据有：①晋城—阳城一带可见零星出露的燕山期岩浆热液岩脉，属于岩浆后期产物，其下必有较大母岩体；②航测资料显示阳城—晋城—高平一带为正磁异常；③浮山—翼城为断裂与岩浆活动强烈的块断隆起构造区，有燕山期岩体分布，其磁异常局部可达+700nT，向东至阳城、晋城，岩浆岩体呈东西向带状分布；④周边地区燕山期岩浆侵入到奥陶—寒武系或下部层位的现象较为常见。研究区内隐伏岩体的存在，对于上古生代地层中页岩有机质的变质作用有着深刻作用。

从研究区内泥页岩及煤中有机质 R_o 等值线分布图可以看出，在沁水盆地南部沁水—阳泉—晋城一带和阳泉地区 R_o 值偏高，这从侧面印证了岩浆岩活动对有机质的热变质作用起着关键的作用。

第五节　陷　落　柱

沁水煤田具有丰富的煤炭与煤层气资源，因此，沿盆地周边分布了不少生产矿井，近年来又加强了煤层气的勘探开发工作。在开发过程中发现有大量陷落柱发育，这些陷落柱使煤层的连续性受到严重破坏，影响了煤层的含气性，不仅影响了煤矿安全、高效开采，同样也影响煤层气的勘探与开发效益。

研究表明，决定沁水盆地陷落柱发育的最重要因素是地质构造条件和岩溶水径流强度。在断层发育、特别是不同方向的断层交汇处，褶皱构造展布方向等，也常常是地下水径流较强的地带，往往陷落柱较发育，是沁水盆地陷落柱分布的主要地区。整体而言，主要有两种分布特征。

1. 成群集中分布

当岩溶水强径流带方向与断层、褶曲走向斜交时，交叉部位就是陷落柱的发育带，且具有成群集中分布的规律。就沁水盆地局部地区陷落柱呈成群集中分布规律而言，可能和地质构造条件关系更为密切，并有由北向南发育程度逐渐减少的趋势。如在不同方向的构造复合部位，断裂发育，地下径流畅通，地下溶洞发育，陷落柱发育密度就大。如阳泉四矿，该井田北部陷落柱十分发育，表现出成群分布的规律，其平均发育密度超过 10 个/km^2。

2. 定向带状分布

当岩溶水强径流带方向与断层、褶曲走向相同时，沿断层走向尤其是沿断裂带及褶皱走向，就是陷落柱的发育带，且具有定向带状分布的规律。就沁水盆地局部地区陷落柱呈定向分布规律而言，说明地下水的强径流受区域构造的控制，特别是 NE 与 NW 向的构造控制，表现为走向 NE 与 NW 向的两组 X 形裂隙发育，因而使陷落柱沿 NE 与 NW 向呈带状分布的特征。如阳泉四矿虽然陷落柱成群发育，但整体分布上，又呈现 NW 向或 NE 向条带状分布的规律（王彦仓，2010）。

第六节　构造特征及其演化

一、区域构造格局

从板块构造体制考察，一个古板块应由主体部分的古陆和与其在空间上相邻、构造演化关系密切的古陆缘组成。华北含煤盆地与作为华北古大陆板块主体的克拉通范围相当，华北古大陆板块演化及其与周缘板块之间的相互作用，构成控制含煤盆地煤系的形成、形变与赋存的地球动力学背景（图 2-3）。按板块学说的观点，山西是华北板块的一部分，包括山西在内的华北区地质构造格局主要是中生代以来形成，而中国大陆是由众多较稳定的地块和构造活动带经过多次拼贴而组成的复式大陆，华北板块位于中国板块东部，在现在板块构造格局中，中国大陆处于欧亚板块和太平洋板块-菲律宾海板块及印度-澳大利亚板块的拼合部位，东部受太平洋板块向亚洲大陆的俯冲作用，西南受印度板块向北的碰撞挤压，北部则有

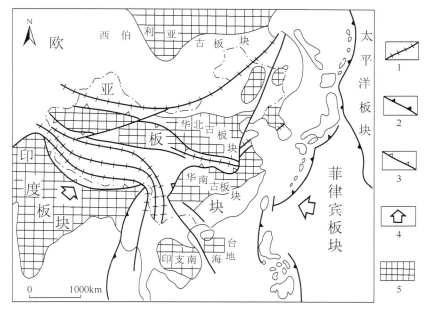

图 2-3　中国大陆现代大地构造位置简图（据王桂梁等，2007）

1-缝合线；2-俯冲带；3-古板块俯冲带；4-板块位移方向；5-克拉通

西伯利亚地块的阻挡或向南挤推，地球动力学环境比较复杂。山西省所在的华北板块大地构造格局的控制因素均出于以上的活动。北部的蒙古—兴安造山带与南部的秦岭大别造山带是华北板块的南北边界。

二、基本构造特征

　　沁水盆地构造上位于华北断块区吕梁-太行山断块内，山西地块南部、太行造山带以西、吕梁构造带以东、五台构造带以南、中条构造带东北，是华北晚古生代成煤期之后由断块差异性抬升形成的山间断陷盆地，构造形态呈长轴 NNE—SSW 向的大型复式向斜，轴线大致位于榆社—沁县—沁水一线，南北翘起端呈箕状斜坡，东西两翼基本对称，西翼地层倾角相对稍陡，一般 10°～20°，东翼相对平缓，一般 10°左右。该复式向斜由一系列轴向与 NNE 轴迹平行的次级短轴歪斜褶皱组合成隔挡式褶皱形态，核部为中侏罗统。盆地内断裂构造相对比较简单，断层不甚发育，主要发育于东西边缘地带，断裂规模和性质不同，以正断层居多，断层走向长从几百米到数十千米不等，断距从几米到四千余米，有的可能是导致岩浆上升的通道，断层延伸方向以 NE 向为主，局部呈近 EW 向和 NW 向延伸，属于典型的板内构造。边侧下古生界出露区为倾角较大的单斜，向内变平缓，古生界和中生界背斜、向斜和褶曲比较发育但幅度不大、面积较小。

沁水盆地内部构造线为 NNE 向，南、北端受边界构造影响，构造线方向偏转为 NEE 向或近 EW 向，内部以开阔的短轴褶曲和高角度正断层为主，褶皱对称，向斜宽阔，背斜较窄，地层倾角一般小于 20°；盆缘褶皱两翼岩层倾角增大，多数不对称，轴面向盆内倾斜并发育向外侧逆冲的逆断层，呈现盆地内部构造稳定、边缘活动性强的基本规律。

盆地周缘均被挤压性断裂褶皱带围限，相应地在块拗相邻部分发育拗缘翘起带，以断层翘起、地层向盆内倾斜、构造相对复杂为特征，包括北侧的盂县拗缘翘起带、东侧的娘子关—坪头拗缘翘起带、西侧的太岳山拗缘翘起带和东南侧的析城山拗缘翘起带（图 2-4），分别在研究区北部、中部和南部切割了 3 条区域地质大剖面，如图 2-5AB、CD、EF 三线所示。

盆地东侧以晋获断裂带与太行山块隆起或造山带相接。晋获断裂是一条区域性构造挤压带，延展长度 350km，总体走向 NNE。盆地北侧为柳林—盂县 EW 向构造带，浅部发育一系列走向近 EW 向的褶皱和断层，显示水平挤压特征，构成沁水盆地北部边界。盆地西侧北段和南段分别被晋中（太原）新裂陷和临汾新裂陷改造，中段以霍山大断裂为界，该断裂总体走向 NNE 向，长约 60km，中生代为由东向西逆冲的逆冲推覆构造，东盘变质基底逆冲于下古生界之上，地层断距超过 1000m。新生代发生西降东升的构造反转，东盘霍山强烈上升，太古宇变质基底大面积出露。盆地南侧为横河断裂带，走向近 EW 向，南盘的长城系、寒武系地层逆掩于北盘的奥陶系地层之上，下盘岩层往往产生强烈的牵引现象乃至褶皱倒转。受其影响，晋城矿区内的大宁井田，构造较复杂。析城山拗缘隆起带，发育一系列高角度正断层，总体方向近东西向，延展长度近百余千米，向东与晋获断裂带相交。

除南、北端外，盆地主体也零星发育一些 NEE 向或近 NW 向构造，其中在中段，由襄垣县五阳经屯留县张店，至安泽县罗云一线，NEE 向断层较发育，并伴有相同走向的褶皱。襄垣—洪洞断裂带是一条具有基底断裂性质的区域构造带，东西向断续延伸 60km，宽 6km，有水平擦痕，显示走滑性质。断层向西延伸至洪洞一带成为隐伏断裂构造，向东切割并穿越晋获断裂带。其东段中、新生代活动性较强，在屯留以北表现为地垒构造，称为文王山地垒，构成长治新断陷的北界。

（一）煤田周缘构造特征

沁水盆地周缘均被挤压性断裂褶皱带围限，相应地在块拗部分发育拗缘翘起带，以断层翘起、地层向盆地内倾斜、构造相对复杂为特征，包括北侧的盂县拗缘翘起带、东侧的娘子关—平头拗缘翘起带、西侧的太岳山拗缘翘起带和东南侧的析城山拗缘翘起带。

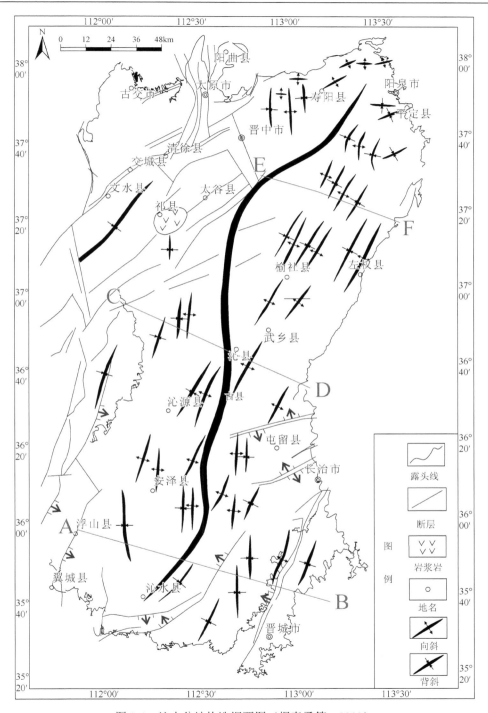

图 2-4 沁水盆地构造纲要图（据秦勇等，2009）

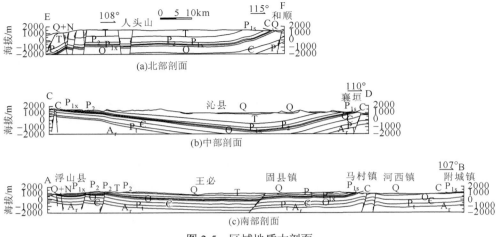

图 2-5　区域地质大剖面

1. 晋获断裂带

位于沁水盆地东侧，该断裂带位于沁水盆地与太行山块隆或造山带之间，属于一条 NNE 向区域性构造挤压带，对沁水煤田的煤层赋存具有重要的控制作用。

首先，断裂带活动决定了煤系赋存状态。中生代沿晋获断裂带由西向东的逆冲位移，使盆地边缘翘起，煤系盖层遭受剥蚀，断裂带西侧诸矿区山西组主采煤层埋深较小，有利开采。新生代时期发生的构造反转，使晋获断裂带以东的太行山与西侧沁水盆地地貌反差增强、北段赞皇核杂岩大幅度伸展隆起，晚古生代煤系剥蚀殆尽，晋获断裂带构成沁水煤田东界。中段长治新断陷为构造反转产物，晋获断裂带东侧逆冲牵引向斜核部保留了小型含煤块段。构造反转幅度向南递减，太行山南段以奥陶系和上古生界为主，沿断裂带发育一系列构造低地，形成高平盆地、晋城盆地等含煤盆地，沁水煤田范围越过晋获断裂带。

其次，矿区构造复杂程度北大南小。井陉、潞安、晋城矿区均位于晋获断裂带西侧，各矿区均以断层为主要构造样式，以断层密度表征的构造复杂程度呈现由北向南减小的趋势（图 2-6），与晋获断裂带沿走向分段性特征一致，表明矿区内中、小型构造与晋获断裂带之间存在密切的成因联系。

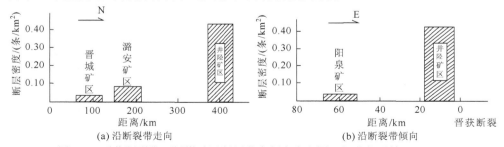

图 2-6　晋获断裂带西侧煤矿区断层发育频率直方图（据曹代勇等，1998）

　　再次，断裂带对煤矿区构造发育的影响向盆内递减。阳泉矿区位于沁水向斜仰起端近核部，东距晋获断裂带约 60km。矿区内断层稀疏，构造样式以宽缓小褶曲为主，基本上反映了沁水盆地内部的变形特征。井陉矿区位于晋获断裂西侧，其构造演化史较复杂，中生代期间作为逆冲推覆构造上盘，断层发育；新生代以来，由于北部阜平核杂岩系统的伸展滑脱改造，进一步加剧了块体破碎性，构造样式以近 SN 向正断层为主。井陉矿区和阳泉矿区在构造样式和变形强度方面（图 2-6（b））呈现的明显差异，给出晋获断裂带活动影响宽度的近似数据。最后，断裂带主动盘一侧的矿区构造复杂程度明显大于被动盘。晋获断裂带南段斜穿晋城矿区，对矿区构造发育和构造展布起到重要控制作用。矿区西部作为由西向东位移的逆冲-褶皱构造的主动盘，构造密度指数明显大于矿区东部（图 2-7），褶曲密度（延伸长度＞3km）达 0.042 个/km^2，断层密度为 0.014 条/km^2；矿区东部断层少见，褶曲密度也仅 0.013 个/km^2。

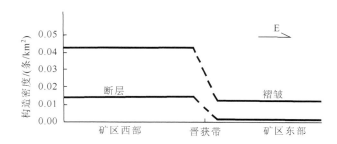

图 2-7　晋城矿区东部与西部构造发育差异曲线（据曹代勇等，1998）

2. 柳林—盂县 EW 向构造带

　　位于沁水盆地北侧，浅部发育一系列近 EW 向的褶皱和断层，显示水平挤压特征，构成沁水盆地的北部边界。

　　沁水盆地西侧北段和南端分别被晋中（太原）新裂陷和临汾新裂陷改造，中段以霍山大断裂为界，该断裂总体走向为近 NNE 向，延展长度约为 60km。中生代为由东向西逆冲的逆冲推覆构造，东盘变质基底逆冲于下古生界之上，地层断距超过 1000m，新生代发生西降东升构造反转，东盘霍山强烈上升，太古宇变质基底大面积出露（图 2-8）。

　　沁水盆地南侧为横河断裂带，走向为近 EW 向，南盘的长城系、寒武系地层逆掩于北段的奥陶系地层之上，下盘岩层往往产生强烈的牵引现象乃至褶皱倒转。析城山拗缘隆起带发育一系列高角度正断层，总体走向为近 EW 向，延展长度近百余千米，向东与晋获断裂带相交。

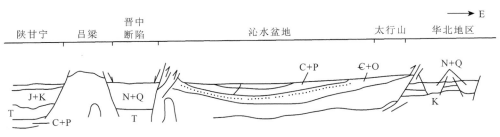

图 2-8　沁水盆地东西边缘构造剖面图（据刘焕杰等，1998）

（二）煤田内部构造特征

研究区不同部位构造特点不同，总体来看，西部以中生代褶皱和新生代正断层相叠加为特征，东北部和南部以中生代 NW 向、SN 向褶皱为主，盆地中部以NNE、NE 向褶皱发育为主，局部地区受后期构造运动的改造，轴向改变。断层主要发育于东西边部，断裂规模和性质不同，以正断层居多，断层走向长从几百米到数十千米不等，断距从几米到四千余米，延伸方向以北东向为主，局部呈近东西向和北西向延伸。在盆地中部有一组近东西向正断层，即双头—襄垣断裂构造带。根据盆内不同地区构造样式的差异，盆地可划分为 12 个构造区带（图 2-9）。

（1）寿阳—阳泉单斜带（Ⅰ），即沁水复向斜的北翘起端，亦即阳泉复向斜，除盂县附近发育近东西向褶曲外，其他地区均以 NNE、NE 向构造为主，NNW 向构造次之。主要断层有郭家庄断层，倾向 SE，断距为 250m；村庄断层走向 NNE，倾向 NWW，断距 200m。此外，区内陷落柱也较发育，平昔矿区最甚，平均可达3.5 个/km²。陷落柱呈圆形，直径几十米至百余米不等，陷壁角在 70°~80°。

（2）天中山—仪城断裂构造带（Ⅱ），位于沁水复向斜西北，地表为一走向NEE 的断裂鼻隆构造带。其内褶曲主体走向为 NE 向（70°~80°），背斜开阔，向斜紧闭，与其平行有断裂发育，组成地堑、地垒结构，地堑中有零星三叠—侏罗纪地层出露。上述地表构造性质反映它与下伏大型背斜隆起相一致，即代表该背斜隆起顶部为强烈构造变形区。

（3）聪子峪—古阳单斜带（Ⅲ），位于沁水复向斜中部细腰处西侧，其上倾方向即为万荣复背斜北端的霍山倾伏部分，二者在冯家集—苏堡断裂带相接。该断层走向 NEE，正断层，单斜带上的褶曲表现为在近 SN 向左行剪切作用下形成的雁列构造。本带南部有古县背斜，东缘有赤石桥—坚友雁列背斜带。

（4）漳源—沁源带状构造带（Ⅳ），即沁水复向斜中段的西翼部分。褶曲走向近 SN 向，和西侧单斜带上的褶曲平行排列。褶曲构造西有胡家沟—沁源背斜带、景凤—庄儿上背斜带；东有分水岭—柳湾雁列背斜带和漳源—王家庄背斜带。断裂多呈 NNE 向，断距 50~250m；王淘南部还发育 NEE 向断裂，两条相向倾斜的正断层断距 200m，构成狭长的地堑构造带。

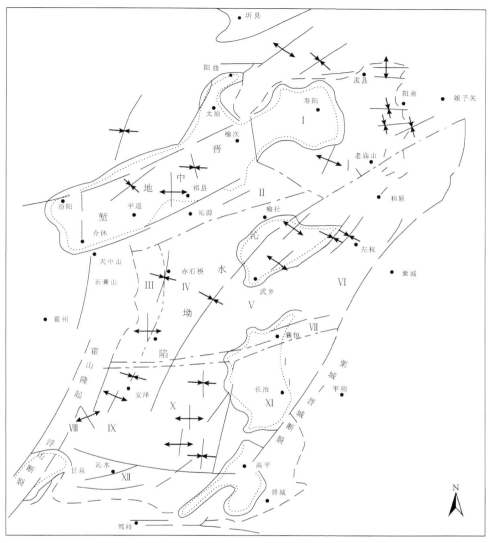

图 2-9 沁水盆地构造区带分布图（据张建博等，1999）

I-寿阳—阳泉单斜带；Ⅱ-天中山—仪城断裂构造带；Ⅲ-聪子峪—古阳单斜带；Ⅳ-漳源—沁源带状构造带；
Ⅴ-榆社—武乡构造带；Ⅵ-娘子关—坪头单斜带；Ⅶ-双头—襄垣断裂构造带；Ⅷ-古县—浇底断裂构造带；
Ⅸ-安泽—西坪背斜隆起带；Ⅹ-丰宜—晋义带状构造带；Ⅺ-屯留—长治单斜带；Ⅻ-固县—晋城单斜带

（5）榆社—武乡构造带（Ⅴ），即沁水复向斜中段的东翼。区内次级褶曲呈雁列排列，两翼倾角一般为 3°～10°。比较大的褶曲有大佛头—李家垴向斜，长约30km，轴部地层为石千峰组，东翼倾角为 11°～17°，局部达 20°以上，西翼倾角为 19°～23°，局部达 25°以上；寺沟—后扶峪背斜长 30km，东翼倾角 8°～10°，西翼倾角 10°～15°。区内断层走向 NNE 向，倾向 NWW，延伸长度较短、落差较小且具有东弱西强发育特点。

（6）娘子关—坪头单斜带（Ⅵ），位于沁水向斜东翼北部边缘，东与赞皇复背斜相接，在构造上表现为较陡的挠曲带。边缘发育鼻状背斜构造。较大的褶曲有范家岭向斜、背斜，轴向 NEE 向，两翼倾角平缓。断层发育稀少，有洪水正断层，走向 NNE 向，断距为 55m；李阳正断层，倾向 NWW，断距 200m 等。还发育一条逆断层，走向 NEE 向，断距 15m。此外，还有少数陷落柱发育。

（7）双头—襄垣断裂构造带（Ⅶ），为一横切盆地中南部、走向 NEE 的左行走滑断裂带。东段形成文王山地垒，西段构造线断续出现，规模较小。

（8）古县—浇底断裂构造带（Ⅷ），位于沁水复向斜南部西翼边缘。西以浮山正断层与万荣复背斜的霍山背斜相接，由一系列 NNE 和 NE 向断层组成并发育少量褶曲构造。

（9）安泽—西坪背斜隆起带（Ⅸ），即沁水复向斜南端西翼。主体构造由一系列紧密排列的南北向背斜构造组成的大型背斜隆起，实为万荣复背斜的向北延伸部分。该复背斜在本区向北抵双头—襄垣断裂带后即被该断裂带左行平移错开，北段在霍山复出，然后向 NE 方向倾伏达晋中地堑之南，即伏于天中山—仪城断裂带之下。

（10）丰宜—晋义带状构造带（Ⅹ），即沁水复向斜南端东翼。主体构造线为南北向，局部发育 NE 向构造。在北部形成二岗山地垒构造、安昌—中华楔形裂陷谷，在南部区下部呈隆起状态，边缘断阶处可形成局部圈闭。内部褶曲可分成东西两带，西为张店—横水褶曲带，东为丰宜—岳家庄背斜、向斜构造带。

（11）屯留—长治单斜带（Ⅺ），位于沁水复向斜南部东翼边缘，东侧被长治新断裂所截，与陵川复背斜相接，发育规模较小的背斜、向斜构造；北部有余吾、屯留和李高背斜；南部的鲍村、漳河背斜、向斜均呈带状分布。区内 NE 向断裂有朔村逆断层，断距 55m，倾向 SE；庄头正断层，倾向 SE，断距达 190m。此外还有 NNE 向断裂发育。

（12）固县—晋城单斜带（Ⅻ），位于沁水复向斜南部翘起端。西缘与万荣复背斜相接处为一断裂带，由近南北向断层组成地垒、地堑。西部沁水地区地层走向先为 NW 向，向东逐渐转为 EW 向，断裂走向东西向，有高角度逆冲断层，也有正断层。西部有寺头正断层、瑶沟正断层带、城后腰正断层，边缘断层多向北倾，内部断层多向南倾，断距达 70～300m。东部发育 NNE 向断裂，较大者有石门正断层、府底正断层并与寺头断层斜交，断距一般为 50～105m。在固县地区发育 NW 向倾伏鼻状构造，可分为固县鼻状挠曲带和布村—北留挠曲带。沁水县南部发育城后腰向斜、东山向斜、南坪向斜等，均呈近东西向延展。

可见，沁水盆地是山西隆起区分布范围最广、保存地层较全的一个复向斜构造，它不仅仅是我国重要的产煤、产煤层气基地，也有可能成为页岩气勘探开发的前景区，因而受到广泛关注。

三、构造演化

沁水盆地大地构造发展经历了太古代—早元古代的基底发展阶段，中元古代—三叠纪的盖层发展阶段和中新生代"活化"阶段（图 2-10）。早元古代末期的吕梁运动，使包括本区在内的整个华北地区完全拼合成一个硬而稳定的地块，形成了本区的结晶基底。

长城纪开始本区进入了稳定的盖层发展阶段。长城纪大部分地区为古陆，发育一些古裂谷，形成内陆盆地。南部为秦岭古洋的大陆边缘及火山岛弧。之后北北东向的上党裂谷进一步发展并与秦岭古洋沟通，形成上党海湾。长城纪中晚期，南部抬升，上党海峡与秦岭古洋隔绝形成内陆海，并于长城纪晚期消失，从而使本区全面遭受剥蚀。蓟县纪早期，海水自北向南注入，在本区准平原化的基础上形成大面积的陆表海。蓟县纪晚期，海域逐渐缩小，最终海水全部退缩到秦岭古洋，使本区再次遭受剥蚀（图 2-10（a）），并一直持续到早寒武世。

震旦纪之后的晋宁运动，海水由秦岭古洋向北注入，使长期遭受剥蚀已准平原化的山西遭受大范围海侵，并由南向北超覆。此后地壳发生多次不均衡升降振荡运动，直到中奥陶世末期，随着北秦岭洋的封闭，本区乃至整个华北大多数地区一起上升为陆地（图 2-10（b））。晚石炭世早期，本区遭受了自北而南的海侵，晚石炭世晚期（山西期）海水开始向南退缩，早二叠世已由晚石炭世的滨海平原转变为近海冲积平原（图 2-10（c）），本区从此脱离海侵环境。

加里东运动使本区全面上升遭受剥蚀，并形成 NE 向大型隆起带和凹陷带。全区经历了剥蚀、夷平和准平原化，为晚古生代含煤建造的沉积创造了有利条件。本溪组等厚线延伸方向为 NNE 向，与加里东期形成的古隆起、古凹陷方向一致。太原期开始，本区沉积主要受北部的阳曲—盂县 EW 向断隆带和南部中条山古隆起带的影响，使沉积等厚线、岩相带呈近 EW 向展布。印支期，沁水盆地受候马—沁水—济源东西走向为中心的凹陷控制，以持续沉降为主，沉积了厚达数千米的三叠纪河湖相碎屑岩（图 2-10（d）），厚度由北向南增厚，使石炭二叠系煤层被深埋并经受了深层变质作用。自三叠纪末期的印支运动开始，本区进入一个动荡不定、地壳运动频繁的时代，三叠纪末本区处于隆起状态并广泛遭受剥蚀，使寒武纪以来统一而稳定的地理地貌景观分化瓦解。

燕山早中期，以断裂活动为主，将本区切割成不同级别的断块，断块内形成平缓开阔的褶皱，仅在逆冲断裂附近形成较强烈的褶皱。燕山运动末期，尤其是晚白垩世以后，整个中国大陆东部进入受太平洋地球动力学体系控制的裂陷阶段（图 2-10（e））。当今华北板块的基本构造格架便是燕山运动的产物。燕山运动后，本区出现断块山和坳陷两种构造单元，之后挤压断裂作用渐弱。

新生代喜山运动阶段，上新世开始，地壳又趋于活跃，区内受鄂尔多斯盆地东缘走滑拉张应力场作用，在山西隆起区产生北西—南东向拉张应力，发育了山西地堑系，形成了大型 NNE 向的晋中、临汾和长治断陷盆地，并使霍山和太行山隆起，并在西北部和东南部因拉张而形成北东向正断裂，形成现今的地貌景观（图 2-10（f））。

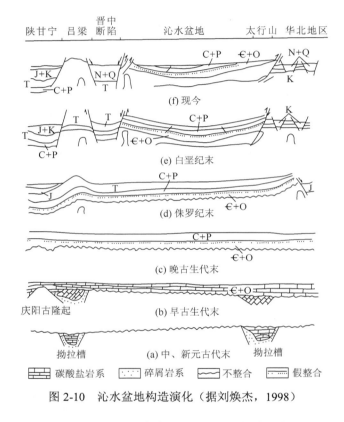

图 2-10　沁水盆地构造演化（据刘焕杰，1998）

综上所述，沁水盆地是山西地块中相对构造比较稳定的地区，也是我国煤层气开发最为成功的地方，适合页岩气的勘探研究。

第七节　构造对煤炭赋存的控制作用

地质构造对煤炭资源赋存的控制主要是通过控制煤层的沉积环境以及后期改造等作用完成的。沁水煤田的含煤岩系在沉积过程中主要经历了聚煤前期、聚煤期、聚煤后期三个过程，在这三个过程中，地质构造的不断演化对煤层的赋存产生了较为明显的改造和破坏作用。

在聚煤前期，山西地块在 NE—SW 向的构造应力场环境下，寒武系与奥陶系碳酸盐岩基底表现出相对的隆起或拗陷，上升幅度主要表现为南北两端大于中部，西部大于东部，为一个"箕状盆地"，成为山西晚古生代聚煤盆地的基盘。被抬升的寒武系和奥陶系地层遭受长期的风化剥蚀作用，形成了凹凸不平的煤系地层沉积基底。

沁水盆地的聚煤期是晚古生代末期，在此期间沁水盆地处于海陆交互相的沉积环境，形成了大规模的含煤地层。本溪期沁水盆地的古构造格局大致以 NE 向的拗陷为主，南部长治、晋城一带存在 NNE 向的隆起，海侵从东北部顺阳泉一带拗陷进入沁水盆地，沉积地层厚度相对较大；太原期盆地古构造基本继承本溪期古构造格局，仍以 NE 向拗陷为主，地势北高南低。但由于阴山古隆起的持续隆起，隆起幅度和范围扩大并向南推进，导致了东大窑期海侵范围缩小，纯陆相沉积范围进一步扩大。海水来自 SE 向，沉积中心向南偏移至阳泉—左权—霍州一带，即现今沁水盆地中部及北部一带；山西期阴山古陆持续隆起，并继续向南推进，北高南低的古地形更趋于明显，海侵范围进一步缩小，纯陆相沉积范围进一步扩大。研究区大部分处于 NNE 向的拗陷中，西部形成 NE 向隆起，仍是 NE 向的古构造格局。海侵来自 SE 方向，但此时本区总体地层厚度差距已没有前两期明显，在左权—长治一带及太原及晋中一带沉积相对较厚。在山西期末海水全部退出山西境内，结束了海陆交互沉积，进入早二叠世晚期，开始了纯陆相堆积，本区聚煤作用也由此而告终。

在聚煤后期，沁水盆地以及整个华北陆块进入了新的滨太平洋构造演化时期。印支期构造旋回阶段，沁水盆地主体遭受近 SN 向的构造挤压，盆地北部阳曲—盂县和南部阳城两个断隆带上形成近 EW 向的褶皱及两组早期共轭剪裂隙，形成沁水盆地的雏形；燕山期构造旋回阶段，沁水盆地的构造活动以挤压抬升和褶皱作用最为显著，在盆地内部形成宽缓褶皱。其中，NE—NNE 向褶皱最为发育，遍布全区，规模较大，在盆地两缘特别是盆地东缘靠近太行山造山带形成了 NE 向展布的逆冲断层，同时，伴随有大量中酸性岩浆的多次喷发，形成不均衡高热地热场，使得盆地内部煤层的变质程度不一致；喜马拉雅期构造旋回阶段，由于构造应力场的反转盆地西部、北部的断裂广泛发育，形成晋中、临汾地堑系，促成了长治、榆社、武乡等地形成一些小型山间盆地，最后逐渐形成了现在以向斜盆地控煤构造为基础的构造格局。

沁水煤田含煤面积为 31 351km^2，本区可采煤层多达 10 层以上，3#和 15#煤层在煤田内部基本上大面积稳定分布，单层最大厚度 6.5m。煤层总厚度在 1.2～23.6m 左右，整个沁水盆地煤层总厚度呈现出"三高两低"的格局，大体呈北东向的带状分布。

3#煤层厚度大，为 0.53～7.84m，全区广泛分布，横向上稳定，是山西组的主煤层。其总体分布为：东南部厚度大，潞安、晋城及阳城一带厚度均在 4m 以上；屯留、潘庄、樊庄一带 6m 左右；寿阳、阳泉一带在 2m 以上，其他地区煤层厚度一般不超过 2m。煤层结构复杂，夹矸层数最多达 5～6 层。3#煤层在盆地四周和霍山隆起区均有出露，埋深整体上呈现东北部—东部—东南部浅，中部深的特征，从煤层露头线往盆地中央煤层埋深逐渐增大（图 2-11）。

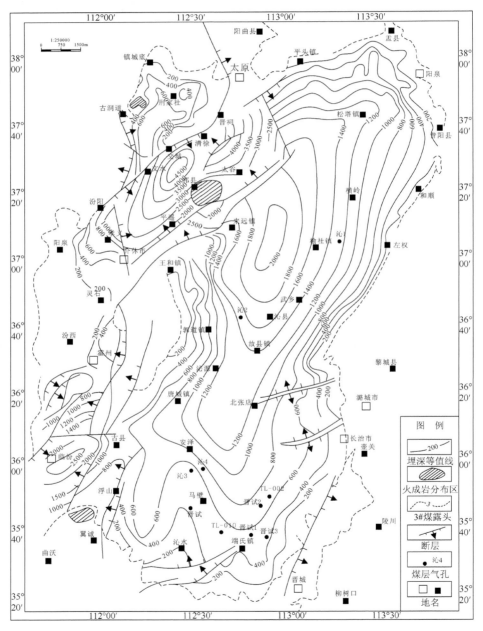

(a) 煤层埋深等值线图

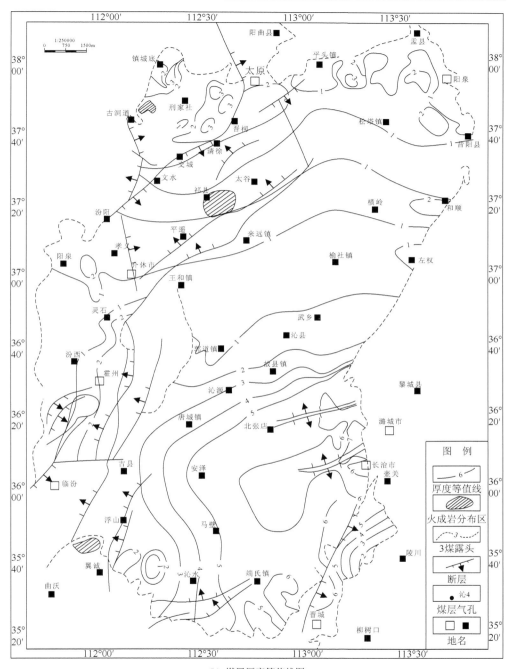

(b) 煤层厚度等值线图

图 2-11　沁水煤田 3#煤层发育分布图（据刘洪林等，2009）

　　15#煤层在全区广泛分布，横向连续性较好，是太原组的主煤层。其厚度变化较大，为 0.6～6.0m，总体上呈南北厚、中部和西部薄的趋势。其煤厚高值区在寿阳—阳泉一带、和顺—左权之间，厚度达 6～9m；阳城北潘庄、樊庄一带厚层厚度大于 3m（图 2-11）。

第三章　页岩层系地质调研及目的层页岩层段划分

第一节　页岩层系调研

沁水盆地发育泥页岩的地层主要在寒武系馒头组和石炭—二叠系的本溪组—下石盒子组下段地层，其中寒武系馒头组主要在太行山东南段的晋城市有出露，石炭—二叠系地层在盆地边缘均有出露。本次野外工作基于前人在沁水盆地石炭二叠系的地质调查资料，综合考虑工作剖面整个研究区平面上位置分布控制，重点选取了 8 个剖面，进行地质调研，涉及晋祠、西山、东山、阳泉、和顺、沁源、晋城七个市县，重点观测本溪组—下石盒子组含煤地层及寒武系馒头组泥岩。具体的阐述野外地质调查情况如表 3-1 所示。

表 3-1　野外调查点列表

序号	调查点名称	地区	观测点	观测地层
1	晋祠柳子沟剖面	太原	2	O_2f、C_2b、C_2t、P_1s
2	太原东山矿区观家峪测量剖面	太原	5	O_2f、C_2b、C_2t、P_1s、P_1x
3	阳泉水泉沟剖面	阳泉	6	O_2f、C_2b、C_2t、P_1s、P_1x
4	和顺南窑剖面	和顺	3	O_2f、C_2b、C_2t、P_1s、P_1x
5	沁源小聪峪剖面	沁源	3	O_2f、C_2b、C_2t、P_1s、P_1x
6	阳城八甲口测量剖面	晋城	6	O_2f、C_2b、C_2t、P_1s、P_1x
7	陵川县附城镇老金沟剖面	晋城	3	O_2f、C_2b、C_2t、P_1s、P_1x
8	阳城老庄寒武系剖面	晋城	1	$\mathbb{C}_1m$

一、晋祠柳子沟剖面

剖面位于晋祠镇窑头村，为一宽缓背斜构造，岩层产状近乎水平。主要出露太原组地层，但未出露完全，底部为毛儿沟灰岩，中部为斜道灰岩，顶部为七里沟砂岩，未见顶。该剖面及沿途主要发育太原组及山西组黑色泥岩、煤层顶底板碳质泥岩等页岩岩系，页岩页理极为发育，常见砂泥互层段（图 3-1，图 3-2）。

二、东山观家峪剖面

该剖面出露的本溪组、太原组、山西组及下石盒子组的泥页岩厚度较大，颜色较深，其中本溪组黑灰色泥页岩单层厚度最大有 4.6m，太原组灰黑色页岩单层最大厚度可达 19.3m，山西组灰黑色泥页岩最大厚度为 4.6m，泥页岩中富含菱铁矿结核，且含有植物碎片（图 3-3）。

图 3-1　晋祠柳子沟整体剖面情况（见彩图）

　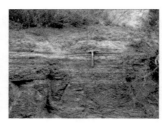　

(a) 黑色泥岩，C_2t　　　　　　(b) 黑色泥岩，页理发育　　　　　　(c) 砂泥互层

图 3-2　晋祠柳子沟太原组-山西组泥页岩野外出露（见彩图）

(a) 碳质页岩　　　　　　　　(b) 灰黑色泥岩　　　　　　　　(c) 灰色砂质泥岩

图 3-3　观家峪剖面泥页岩采样情况（见彩图）

三、阳泉水泉沟剖面

　　该区地层连续性较差，利用各标志层进行层位对比揭示，水泉沟后山及 307 国道采石场出露的太原组—山西组部分层段的泥页岩发育较好，太原组厚度约 120m，特别是太原组底部的泥页岩较厚，单层厚度可达 10m 以上，部分含有菱铁矿结核。山西组较太原组薄，但含多层碳质页岩，也是重要的页岩气有利层位（图 3-4）。

(a) 灰黑色页岩夹菱铁矿结核 　　(b) 3号煤底板黑色泥岩 　　(c) 山西组碳质页岩

图 3-4　阳泉水泉沟野外泥页岩出露特征（见彩图）

四、和顺南窑剖面

剖面始于史家庄后山沟底，向山上追索可见各标志层，局部覆盖严重。本溪组可见铁铝岩段，厚 3.5m，畔沟段发育一层约 5m 厚的灰黑色泥岩。太原组厚度大，在太原组下段发育一套较好的泥页岩。在史家庄上山坡路，可见山西组地层，其中砂质页岩较多，颜色多为深灰色。下石盒子组底部地层多为 0.5m 左右的薄层灰色泥岩与粉砂岩以及薄煤层互层（图 3-5）。

(a) 太原组底部页岩 　(b) K₄灰岩上部页岩 　(c) 山西组底部页岩 　(d) 下石盒子组薄层泥岩

图 3-5　和顺南窑野外泥页岩出露特征（见彩图）

五、沁源小聪峪剖面

剖面始于沁源小聪峪村，出露较好，但风化较严重，给采样工作带来了诸多不便。地层可从峰峰组追索至山西组。本溪组顶部可见一套可达 4m 厚的深灰色泥岩；太原组总厚度较其余点薄，在 60m 左右，风化较严重；山西组底部地层为煤与泥页岩互层，出露情况好，于该出露点进行密集采样；下石盒子组岩性多为粉砂岩、砂岩互层（图 3-6）。

六、阳城县石炭—二叠系地层剖面

在阳城地区共有 6 个石炭—二叠系地层观察点，其中一个实测剖面点，一个钻孔岩心采样点，其余为定点采样，整个地区地层出露不完整，连续性差，地层对比较困难。实测剖面为一新挖的背斜出露面，样品较新鲜；钻孔采样点有一废弃的完整岩心样，采样层位较齐全。

(a) 本溪组-太原组分界

(b) 山西组底部，泥页岩发育较好

图 3-6　沁源小聪峪野外泥页岩出露特征（见彩图）

实测剖面为一小型对称背斜，北翼产状为 5°∠11°，东翼产状为 269°∠9°，出露地层自下而上依次为 15#煤、泥晶灰岩、夹层泥岩、K_2 灰岩、黑色泥岩、13#煤、K_3 灰岩、泥岩、石英砂岩、11#煤（图 3-7，图 3-8），通过剖面实测，基本掌握了太原组中下段地层发育情况及沉积特征，但出露的太原组黑色泥页岩厚度普遍较小，对页岩气的生烃及保存不利。然而，从通义村获得的浅井岩心观察可知，太原组—山西组以黑色泥岩、碳质页岩、泥质粉砂岩为主，与露头样相比，石英砂岩层段发育较少，总体反映沉积环境的局部特征变化。

图 3-7　阳城安阳村背斜出露情况（见彩图）

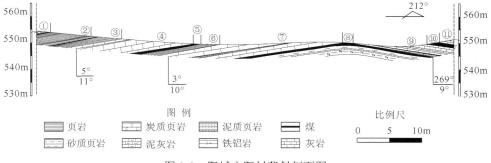

图 3-8　阳城安阳村背斜剖面图

①-灰色泥岩，夹灰岩透镜体；②-灰色石英砂岩和黑色钙质泥岩；③-黑色页岩夹薄煤层；④-K₃灰岩；
⑤-13#煤；⑥-灰黑色薄层泥岩；⑦-K₂灰岩；⑧-15#煤；⑨-K₂灰岩；⑩-灰黑色泥晶灰岩；⑪-K₃灰岩

七、陵川县附城镇老金沟剖面

剖面起始于老金沟底部的猪场，一直延续到猪场外围的后山头顶，整个剖面出露较为完整，零星可见上奥陶统峰峰组、石炭系本溪组、太原组，下二叠统山西组和下石盒子组下部等地层，主要发育本溪组铁铝岩，太原组煤层、碳质泥岩、硅质泥岩、灰岩及泥灰岩等（图 3-9，图 3-10），山西组植被覆盖较为严重，出露地区均风化为黄土，下石盒子组下部黑色泥岩零星出露。该处地层界线标志较为明显，但岩层表面风化严重，以及目的层被掩盖，使得采样及厚度估算较为困难。

(a) 15煤及其顶板采样部位　　　　　(b) 硅质泥岩　　　　　(c) 14煤采样部位及K₂灰岩

图 3-9　老金沟剖面泥页岩采样情况（见彩图）

八、阳城老庄寒武系剖面

寒武系馒头组岩性上部为浅灰黄色及灰紫色不纯灰岩、鲕粒灰岩、薄层泥质条带灰岩、泥质灰岩夹泥灰岩；中下部为棕红、紫红、砖红色薄板状泥灰岩和页岩，夹泥质条带灰岩、薄层至薄板状灰岩、黄绿色钙质页岩、砂质页岩及少量粉砂岩，页岩或泥灰岩中有时含食盐假晶。地层产状较为平坦，倾角在 5°～10°，厚度在 40～60m（图 3-11）。

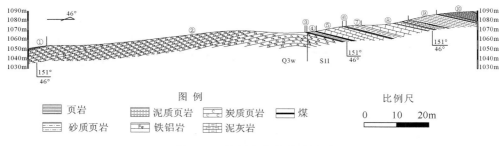

图例

页岩　　泥质页岩　炭质页岩　煤

砂质页岩　Fe 铁铝岩　泥灰岩

比例尺
0　　10　　20m

图 3-10　陵川老金沟地质剖面

①-深灰色铝土泥岩夹煤层；②-含铁质铝土泥岩；③-15#煤；④-灰黑色碳质泥岩；⑤-K₂灰岩；⑥-浅灰色粉砂岩；⑦-黑色泥岩；⑧-K₃灰岩及中薄层微晶灰岩；⑨-灰黑色泥岩；⑩-灰色粉砂岩与深灰色泥岩互层

(a)暗紫色页岩

(b)黄绿色页岩，水平层理发育

(c)猪肝色页岩

图 3-11　沁源小聪峪野外泥页岩出露特征（见彩图）

以上八个实测观察的地点，主要查明了沁水盆地石炭—二叠系含煤地层以及寒武系馒头组页岩的野外空间展布特征及周围发育的构造情况。除此之外，为了查明其他地层的情况，选取灵石县下石盒子组和安泽县三叠系地层 3 个地质剖面进行研究，如图 3-12 所示，主要发育小型褶皱或褶曲，地层产状变化较大，岩性以砂岩为主。

通过野外调研可知，馒头组页岩主要为紫红色和黄绿色页岩，形成于海侵体系域的潮坪相，后期受氧化作用影响，有机质含量少。三叠系泥页岩与寒武系较为相似，主要为黄绿色和紫红色，岩性以砂质泥岩为主。根据野外采集的 14 个馒头组页岩样品的 TOC 测试，主要介于 0%～0.05%，平均仅为 0.014%，可以得出形成于氧化环境的紫红色或黄绿色泥页岩属贫有机质烃源岩，不具备形成烃类气体的条件，故沁水盆地具有页岩气资源潜力的层段主要集中在石炭—二叠系煤系泥页岩中，此次将该套煤系地层作为研究重点，对其进行资源潜力估算。

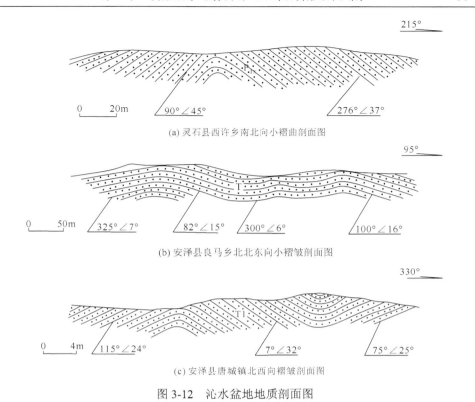

(a) 灵石县西许乡南北向小褶曲剖面图

(b) 安泽县良马乡北北东向小褶皱剖面图

(c) 安泽县唐城镇北西向褶皱剖面图

图 3-12 沁水盆地地质剖面图

第二节 目的层页岩层系分组

研究区目的层页岩为海陆交互相环境沉积，海陆交互相沉积环境的不稳定性使得页岩层常与砂岩、灰岩、煤层等层系互层，且页岩层单层厚度较小，一般在 30m 以下。通过前期钻孔资料收集、目的层沉积环境分析及野外页岩层系地质调研工作，本次研究对沁水盆地石炭—二叠系页岩取得以下几点基本认识：

（1）沁水盆地石炭—二叠系暗色页岩总厚度大，但单层厚度小，单层厚度一般在 30m 以下，各页岩层段被砂岩、灰岩、煤层所分隔开。

（2）研究区石炭—二叠系各暗色泥页岩层段所夹夹层（砂岩、灰岩、煤层）厚度不一，最大可达 10m。

（3）在区域上分布稳定的泥页岩夹层（砂岩、灰岩、煤层）主要有 K_1 砂岩、15#煤（丈八煤）、K_2 灰岩（四节石灰岩、松窑沟灰岩）、K_3 灰岩（钱石灰岩、老金沟灰岩）、K_4 灰岩（猴石灰岩、红矾沟灰岩）、K_5 灰岩（南窑灰岩、附城灰岩）、K_6 灰岩（南峪灰岩、山垢灰岩）、K_7 砂岩（第三砂岩）、3#煤、K_8 砂岩，其中煤层中以 15#煤和 3#煤厚度最大，为本区域主采煤层，厚度一般为 3～7m 和 2～6m。

（4）研究区石炭—二叠纪含煤岩系为一整套连续的海陆交互相体系的地层，本溪组—下石盒子组为一海退序列，期间有多次小型海进海退。

沁水盆地石炭—二叠系暗色泥页岩以上特性决定了对其评价不能照搬海相页岩的评价方法，而应该针对页岩源岩-储层自身的地质特点，考虑勘探开发中的各影响因素，制定适合沁水盆地、适合海陆交互相页岩体系的评价方法。

若页岩体系中包含厚度较大的砂岩或灰岩，其中的砂岩或灰岩往往会作为含水层存在，这样在后期的开发过程中将会导致压裂排采的失败。同时，若页岩体系中包含厚度较大的煤层，由于煤层气与页岩气富集机理与开发方式的不同，整个页岩体系的资源评价及开发将会变得更加困难，对其中煤层气的开发利用及页岩气的开发利用均造成不利影响。因此在进行页岩体系层段划分时应尽量避免包含厚度较大且发育稳定的夹层（砂岩、灰岩、煤层）。

沁水盆地石炭—二叠系含煤地层总厚约为 150m，其中有多层厚度较大、发育较为稳定的砂岩、灰岩、煤层夹层，不宜作为一整套页岩体系进行评价，而应将这一整套海陆交互相地层分层段进行研究。同时鉴于本套海陆交互相地层沉积环境的连续性，若划分层段时局限于组的概念，将地层划分为本溪组、太原组、山西组、下石盒子组进行评价，则会使得 3#煤与 K$_4$ 灰岩（猴石灰岩、红矾沟灰岩）之间、15#煤与铁铝岩段之间整套的页岩层被人为分隔成几段，不利于页岩气的勘探与开发。因此在进行层段划分时应该打破组的概念，充分考虑海陆交互相页岩体系中夹层（砂岩、灰岩、煤层）的厚度及稳定性、所划分的每个页岩层段的可评价性等因素。

根据沁水盆地石炭—二叠系综合地质特征及海陆交互相页岩气自身特点，本次研究选取了 K$_8$ 砂岩、3#煤层、K$_4$ 灰岩（猴石灰岩、红矾沟灰岩）、15#煤层、铁铝岩段作为各层段的界限（图 3-13），因此研究区石炭—二叠系划分为了四个页岩层段，分别为第 I 层段：K$_8$ 砂岩至 3#煤层；第 II 层段：3#煤层至 K$_4$ 灰岩；第 III 层段：K$_4$ 灰岩至 15#煤；第 IV 层段：15#煤至铁铝岩段。

本次研究以所划分的四个层段为单位，分别评价各层段的页岩空间展布特征、有机地化特征、储层物性、各地质条件配置等地质基础，估算各层段页岩气资源量，划分各层段页岩气勘探开发有利区，进而评价整个区域的页岩气资源潜力，确定沁水盆地页岩气勘探开发的重点层位及重点区域。

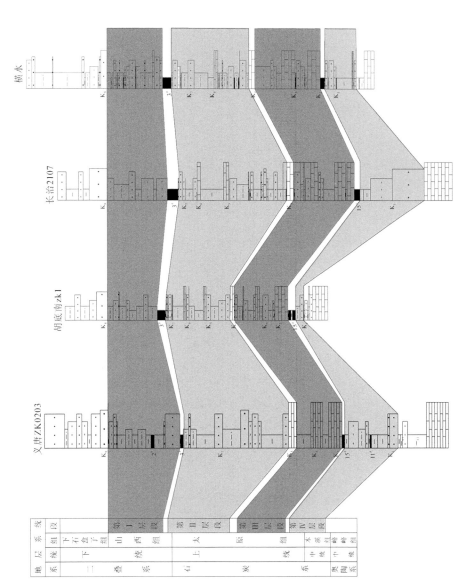

图3-13 沁水盆地石炭—二叠系暗色页岩层系层段划分图

第四章 页岩源岩-储层特征

第一节 岩相古地理及富有机质页岩厚度展布

一、沉积环境及岩相古地理

沉积相标志是指具有指示环境意义的成因标志，是相分析研究的基础。确定沉积相的主要标志有岩性标志、古生物及古生态标志、地球化学及地球物理学标志等。

（一）岩性特征

沁水盆地石炭——二叠纪含煤地层主要由砂岩、泥岩、灰岩和煤层组成，在奥陶系风化面上，还可以见到山西式铁矿和铝土岩。

砂岩是含煤地层中分布最广的岩石类型之一，研究区砂岩的碎屑组成包括石英、长石和岩屑，碎屑粒度平均值在 0.25～0.50mm，分选好，砂岩类型主要为石英砂岩、岩屑石英砂岩和岩屑砂岩三种。

泥岩中的黏土矿物以高岭石、伊利石、伊/蒙混层为主，一般认为高岭石代表酸性环境，伊利石代表碱性环境。

研究区的灰岩在太原组最发育，自下而上分别为 K_2、K_3、K_4 灰岩，是含煤地层对比的重要标志。灰岩类型主要为含泥晶生物碎屑灰岩、泥晶生物碎屑灰岩及生物碎屑泥晶灰岩，生物碎屑及泥晶含量的不同，指示环境的能量变化不定，进而反应灰岩的成因。

（二）地球化学特征

微量元素在沉积物中含量的变化，一方面与沉积区周围的土壤或岩石中元素的质量分数有关，另一方面与微量元素自身的迁移特征有关。一般来说，海洋沉积物中 Sr 含量要高、Ba 含量则相对降低，而陆相沉积物则相反。煤炭科学研究院地质勘查分院的研究结果表明：陆相沉积的 Sr/Ba=0.1～0.5，滨海过渡带 Sr/Ba=0.7～1.2，海湾和近岸边缘海沉积则为 1.3～1.6 甚至以上，即海相沉积中 Sr/Ba 值并不一定都大于 1，但由陆相向海相过渡时，沉积物中的 Sr/Ba 值急剧增大的趋势很明显，因此 Sr/Ba 值反映环境的相对变化。研究区太原组、山西组含煤地层属海陆交互相沉积，在垂向上，从太原组到山西组，Sr/Ba 值逐渐减小，反映了本区沉积环境逐渐向陆相环境过渡。

（三）地球物理特征

由于测井曲线真实地记录了含煤岩系中各岩层的物性特征，提供了有关沉积岩的岩性、粒度变化、分选性等大量信息。测井方法主要有 γ 曲线（HG）、视电阻率曲线（DLW）、自然电位曲线（DZW）和散射 γ 曲线（HGG），由于不同沉积环境所形成的含煤岩系在岩性、沉积岩石组合上有很大差异，因而在不同的测井曲线上有不同的显示特征。一般来说，在碎屑岩沉积中，随着碎屑颗粒从粗向细变化，视电阻率逐渐减小，而自然伽马值逐渐增高、自然电位的幅度则降低。

（四）古生物及古生态特征

不同沉积环境下，由于介质的物理、化学条件不同，故与其共生的生物组合、生态特征等均有较大的差异，还有演化方向性的差异。古生物组合、古生态特征是判别海相、陆相和海陆交互相的最有效方法。含煤岩系古生物化石丰富，动物化石以蜓、珊瑚、有孔虫为主，向东南方向相变为含海相化石泥岩。

根据沉积特点，沁水盆地主要成煤时期的沉积环境为一套陆表海碳酸盐岩台地沉积体系及陆表海浅水三角洲沉积体系。含煤岩系沉积体系主要沉积相组合如表 4-1 所示。

表 4-1　沁水盆地沉积相组合表

沉积体系	主要沉积相组合	
碳酸盐台地体系	开阔台地相、局限台地相、台地潮坪相	
浅水三角洲体系	前三角洲	
	三角洲前缘相	河口砂坝相、远砂坝相、分流间湾相
	三角洲平原相	分流河道相、天然堤相、决口扇相、泛滥盆地相、泥炭沼泽相

（一）陆表海碳酸盐台地体系

主要分布在本溪组和太原组，其中开阔台地相海水流通性较好，岩石类型主要为生物碎屑泥晶灰岩和泥晶生物碎屑灰岩。本区 $K_1 \sim K_5$ 灰岩多属开阔台地相沉积。局限台地相位于开阔台地相的靠陆一方，主要为泥晶灰岩、生物碎屑泥晶灰岩和泥灰岩。开阔台地相分布广，盆地东南部附城灰岩以及山垢灰岩多属局限台地相沉积。

（二）陆表海浅水三角洲体系

主要发育在本区山西组含煤岩系中，由于陆表海海底地形平坦，坡度小，水浅，以河流作用为主的浅水三角洲的整体形状常呈朵叶状。在垂向上以三角洲平原相占优势，其中分流河道又占主要地位，三角洲前缘相及前三角洲相不发育。泥炭沼泽相是三角洲平原上的泥页岩形成环境及成煤环境。

通过对沁水盆地周边露头剖面和钻井岩性剖面的研究，在本区识别出碳酸盐岩台地、碎屑岩浅海、滨岸滩坝、障壁岛、潟湖、潮坪、三角洲以及河流等沉积相类型。其中，碳酸盐岩台地、碎屑岩浅海和三角洲是本区主要的沉积相类型（图4-1）。

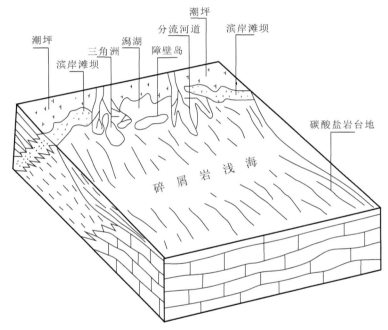

图4-1　沁水盆地上石炭统—下二叠统沉积模式简图（据徐振永等，2007）

根据对沁水盆地晚古生代露头观察、综合作图、地球化学特征、沉积环境和沉积相的综合研究，可将研究区沉积环境演化历史总结如下：

（一）第Ⅳ层段（15#煤底板至本溪组铁铝岩顶部）沉积相及古地理

第Ⅳ层段岩性在大部分地区由均匀层理的灰色砂质泥岩、粉砂岩、砂岩组成，偶夹薄层灰岩或泥灰岩，局部地段以砂岩为主体。泥岩主要成分为高岭石及少量炭屑，含有水云母碎片、菱铁矿球粒。水云母呈定向排列并环绕菱铁矿球粒呈旋转构造，属于潮坪-潟湖相沉积。

第Ⅳ层段沉积期盆地整体沉降，海水由东向西进入华北大陆，频繁的海侵作用，发育了以障壁岛-潟湖体系为主，间夹碳酸盐岩台地体系的一套沉积相组合，在低凹处出现了灰岩、泥岩的交替沉积，并在局部地区有薄煤层形成。北面阴山古陆呈高耸的山地或高原，为当时主要物源区，研究区地形为坡度很小的潟湖，垂向演化规律较明显，其中潟湖相和滨外碳酸盐陆棚相构成了该期岩相古地理沉积格架（图4-2）。

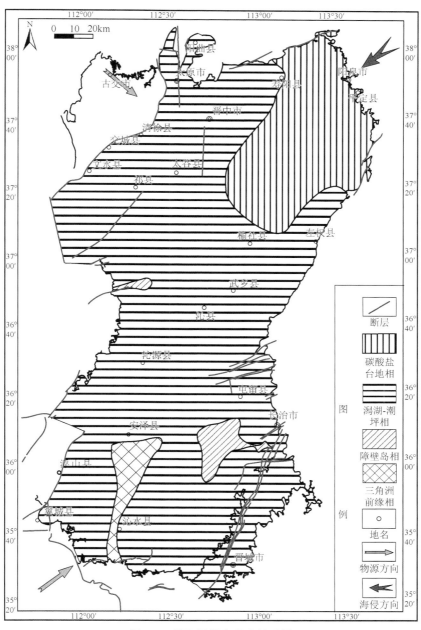

图 4-2　第Ⅳ层段岩相古地理图

（二）第Ⅲ层段（K₄底部至15#煤顶板）沉积相及古地理

第Ⅲ层段岩性主要为灰岩、砂质泥岩、粉砂岩、砂岩及煤层。灰岩标志层包括庙沟灰岩、毛儿沟灰岩等灰岩发育层段。灰岩中含有腕足类、蜓类、海百合等狭盐性动物化石以及动藻迹（*Zoophycos*）和根珊瑚迹（*Rhizocorallium*）等痕迹化石，并见有丘状交错层理及粒序层理，属于滨外碳酸盐陆棚相。灰黑色泥岩、粉砂岩及砂岩中含有较多的菱铁质鲕粒和结核，具水平层理及透镜状层理，见有生物潜穴，是潟湖相的代表；太原组中的中细粒石英砂岩分选性中等—好，成分成熟度高，垂向上常呈向上变粗的逆粒序，常见有大型交错层理，特别是低角度交错层理，这些砂岩是障壁砂坝相的代表；第Ⅲ层段的旋回结构为碳酸盐陆棚相—障壁砂坝相—潟湖相—三角洲相，构成了若干个完成的次级海进—海退沉积序列。在剖面上，岩相组合由下而上为浅海碳酸盐相—潮坪相—潟湖相—三角洲相。

在15#煤沉积之后，海侵的发生，形成了碳酸盐岩台地相沉积，沉积K₂厚层灰岩。此次海侵为本区太原期最大海水面上升期，延续时间最长，形成的K₂灰岩厚度在10m左右。在此之后，由于地壳振荡，海侵、海退现象频繁，形成碳酸盐岩台地-三角洲交互沉积环境。

在平面上，在研究区中部及北部地区，砂泥比一般小于1.0，岩性以平行层理、水平层理的砂质泥岩、泥岩为主，主要为潟湖相沉积。在研究区东南部，沁水至长治、潞安一带，本层段的砂泥比较高，局部地区达到3.0以上，岩性主要以交错层理的砂岩为主，主要为障壁岛相、潮汐砂坪相。在研究区南部、东南部边缘地带，泥地比小于0.2，岩性以泥岩为主，交错层理，主要为潮汐泥坪相沉积。

第Ⅲ层段沉积时期，海水从东南方向入侵本区，物源区位于远离研究区的北部阴山古陆以及本区西南附近的中条古陆（图4-3）。

（三）第Ⅱ层段（3#煤底板至K₄顶部）沉积相及古地理

由于河流作用和海洋作用在河口地区的相互影响及频繁的海侵海退，使得这一时期本区沉积环境多变。

第Ⅱ层段底部岩性以砂质泥岩为主，水平层理，为潟湖相沉积。下部主要以砂岩为主，交错层理，为三角洲前缘相沉积。中部主要发育泥岩、砂质泥岩、砂岩，在研究区东南夹有灰岩层段，其中泥岩主要为水平层理，砂岩以交错层理为主，主要为滨海潟湖相、三角洲前缘相，碳酸盐台地相沉积。上部主要为砂岩、泥岩及薄煤层，砂岩以波状层理及交错层理为主，泥岩以水平层理为主，主要为三角洲平原相沉积。在垂向上，第Ⅱ层段整体为由滨海潟湖相向上过渡至三角洲前缘相，呈海退序列。

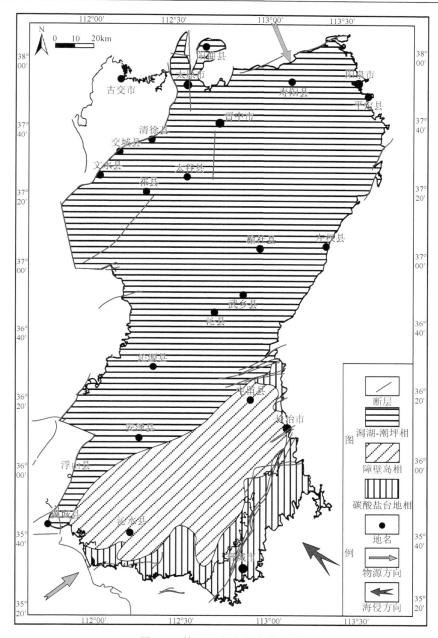

图 4-3 第III层段岩相古地理图

在平面上，研究区西北部太原、晋中、平遥一带及东北部阳泉一带，第II层段砂泥比大于 1.2，西北边缘达到 4.0 以上，主要为三角洲平原相沉积。此区向外砂泥比逐渐减少，沉积相逐渐过渡为三角洲前缘相。在盆地中心及东南部，研究区大部分位置，第Ⅱ层段砂泥比在 0.6 以下，以潮坪潟湖相沉积为主。在盆地中部东侧边缘襄垣、左权一带及东南高平地区，砂泥比为 0.6～1.2，主要为障壁岛相沉积（图 4-4）。

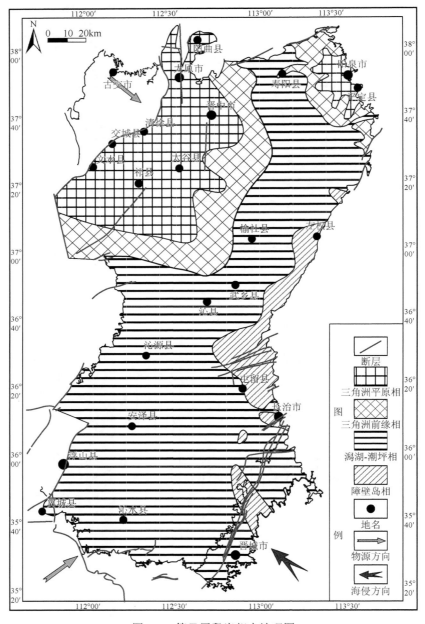

图 4-4　第Ⅱ层段岩相古地理图

研究区在 K_4 灰岩形成之后，海水退去，此时，分流河道发育，聚煤作用主要发生在分流间沼泽。由于河水涨落，沼泽位置很不稳定，范围也小，随着河流被逐步淤浅，泥炭沼泽逐渐向河道东西扩展；之后海侵作用开始，沉积环境以低能的支间海湾、河口湾、潟湖、潮坪沉积占主导，河流作用甚微，形成了 K_5、K_6 灰岩和厚度薄而极不稳定的煤层。之后随着海水进一步退去，研究区主要为三角洲平原环境，分流河道、天然堤、沼泽比较发育。发育了厚度较大的 K_7 砂岩及薄煤层。

第 II 层段沉积时期，物源区也为位于远离研究区的北部阴山古陆以及西南附近的中条古陆。

（四）第 I 层段（K_8 底部到 3#煤顶板）沉积相及古地理

第 I 层段岩性以砂岩、粉砂岩、泥岩及煤层为主，仅在局部地区见到砾岩及石灰岩。中细粒砂岩、粉砂岩、泥岩及煤层常呈互层形式出现，主要代表了下三角洲平原沉积，其中的细砂岩和中粒砂岩分选中等—较好，泥质杂基含量较低，可能是在河口处受波浪、潮汐作用反复簸选的结果，发育大型楔状交错层理、低角度交错层理及大型槽状交错层理，有时还看到包卷层理以及共生的泥砾，这些砂岩多为河口坝沉积。下三角洲平原沉积物的粒度由下向上变粗，测井曲线常呈倒钟形，顶部突变或渐变，底部渐变。顶部常被三角洲平原分流河道切割，在垂向上常与分流间湾共生。

第 I 层段主要为三角洲平原—前缘的河口坝、分流河道和分流间湾等沉积，在 3#煤沉积后，研究区逐步形成河口坝和分流间湾沉积，前期的泥炭沼泽地带迅速被上三角洲平原分流河道沉积所覆盖（图 4-5）。

在研究区北部，第 I 层段砂泥比一般为 0.6 以上，显示为分流河道沉积；在研究区中部及南部盆地斜坡位置，第 I 层段砂泥比一般小于 0.6，为分流间湾沉积，页岩厚度计所占比例较大，是第 I 层段页岩气富集有利位置。在盆地中心位置安泽—襄垣一带，砂泥比一般为 0.6～1.6，砂岩含量较大，主要为三角洲前缘河口坝沉积。

第 I 层段海侵仍来自东南方向。物源区位于远离研究区的北部阴山古陆以及本区西南部附近的中条古陆。

二、富有机质页岩厚度展布

本次沁水盆地石炭—二叠系富有机质泥页岩厚度展布规律研究，主要以单井柱状—区域连井剖面—研究区空间展布的方式，从"点—线—面"逐步扩展进行详细分析，结合区域沉积特征，全面了解不同层段页岩的分布及其厚度展布，评价页岩的产烃能力，确定有效泥页岩层段。

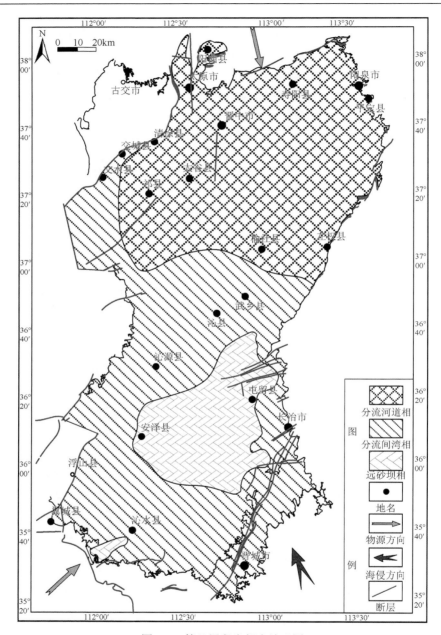

图 4-5 第 I 层段岩相古地理图

（一）单井柱状厚度展布

从单井柱状图中可以确定某一地区的地层岩性特征及沉积相变化，确定各个地区页岩目标层段和单层泥页岩厚度。此次单井柱状图主要依据野外地质调查及实测，选取全区 5 个地质调查点绘制柱状图，了解这些地区的地层组合特征及泥页岩垂向分布规律。

盆地北部东山地区上石炭统本溪组—中二叠统下石盒子组厚度约200m左右，由灰黄色、深灰-灰黑色页岩、泥岩、细粒—粗粒砂岩、石灰岩和煤层组成（图4-6）。

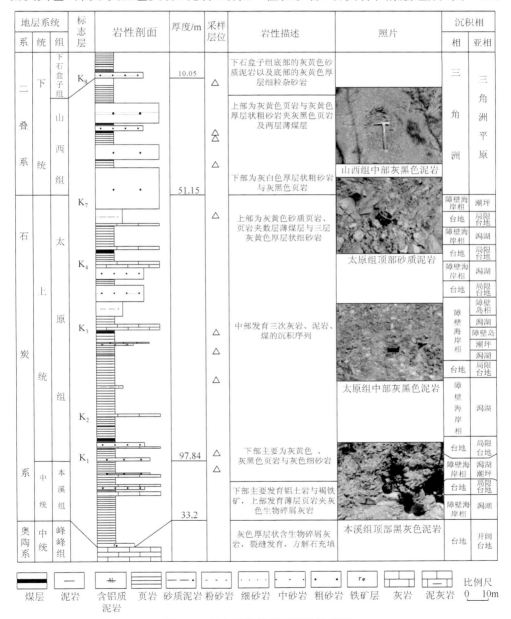

图 4-6　东山观家峪剖面岩性柱状图

本地区第 I 层段共发育 17m 的暗色泥页岩，连续性不强。第Ⅲ层段暗色泥页岩发育较好，其中 K_2—K_3 灰岩间连续发育了 30m 厚的深灰-灰黑色页岩，是有利的目的层段。K_4 灰岩至 3#煤层（第Ⅱ层段）之间主要发育了一层厚约 8m 的暗色泥岩，单层厚度较大，适合页岩气的生烃和保存。盆地东北部阳泉地区上石炭统本溪组—下二叠统下石盒子组底部厚度约 240m，由灰黑色泥岩、砂质泥岩、细粒砂岩、粗粒砂岩、灰岩和煤层组成（图 4-7），灰岩层数较多。第 I、第Ⅱ层段以砂岩为主，发育灰黄-灰白色粗粒砂岩和灰色细粒砂岩。自下而上一共发育 4 套厚度较大的暗色泥页岩层系，主要位于 K_7 砂岩底、第Ⅱ层段中部、K_3 灰岩顶及 K_2 灰岩顶，有效厚度可达 39m，是页岩气生气的有利目的层段。

盆地东北部和顺地区上石炭统本溪组—下二叠统下石盒子组厚度约 200m，由页岩、泥岩、砂岩、石灰岩和煤层组成（图 4-8）。

本地区第 I 层段暗色泥页岩连续性不强，总厚达 23m，最厚达 15.4m，其上为两层薄煤层和砂质泥页岩，连续厚度大于 23m，是有利的目的层段，主要集中在太原组，邻近 K_2 灰岩。第Ⅲ层段岩层厚度小，暗色泥岩不甚发育，层数少，厚度小，仅 K_2 灰岩上覆 3.8m 厚页岩。第Ⅱ层段暗色泥岩发育较好，层数较多，连续性较强，层厚可观，总厚达 39.1m。3#煤层至 K_8 砂岩之间地层厚度小，岩层薄，仅 3m 泥岩，与煤层互层。比较而言，第Ⅱ层段为最有利层段，其次为第Ⅳ层段，第 I 层段可探索页岩气、煤层气共采。

盆地南部阳城地区上石炭统本溪组—下二叠统下石盒子组总厚约 193m，由砂、泥岩夹石灰岩和煤层组成，自下而上由一套海陆交互相沉积逐渐转为陆相沉积（图 4-9）。该地区本溪组较薄，以铁铝岩段为主，第Ⅳ层段泥页岩仅 2m 厚。第Ⅲ层段地层较薄，除 K_2、K_3 巨厚灰岩外，其余均为薄层泥岩、砂岩和煤层互层，总厚达 7.7m。K_4 灰岩极薄，对上下层的连通性阻挡有限。第Ⅱ层段暗色泥岩非常发育，连续性较强，单层厚度 1～6.3m，总厚达 30m，占该段地层总厚的 65%。第 I 层段仅发育一段巨厚暗色泥岩，厚 13m，是页岩气开发的有利层段。K_8 顶、下石盒子组底部发育一段灰色泥岩和砂质泥岩，厚度分别达 10m 和 12m，两层连续性较好。

沁源小聪峪地区本溪组—下石盒子组下段厚度约 208m，由深灰-灰白色泥岩、粉砂岩、石英砂岩、石灰岩、煤层和褐铁矿组成（图 4-10）。该地区第Ⅳ层段本溪组发育有厚约 5m 的深灰色泥岩，太原组晋祠段发育厚约 28m 的暗色页岩及粉砂岩，为连续砂泥互层；第Ⅲ层段泥岩厚度可达 20m；第Ⅱ层段暗色泥页岩主要发育在后沟段，厚度约 7m；第 I 层段暗色泥岩主要发育在山西组顶部，总厚约 8m；下石盒子组主要发育浅灰色、灰白色泥岩，属贫有机质烃源岩，不利于产气。由此可得出，本区页岩气开采的有利层段位于太原组中段和下段。

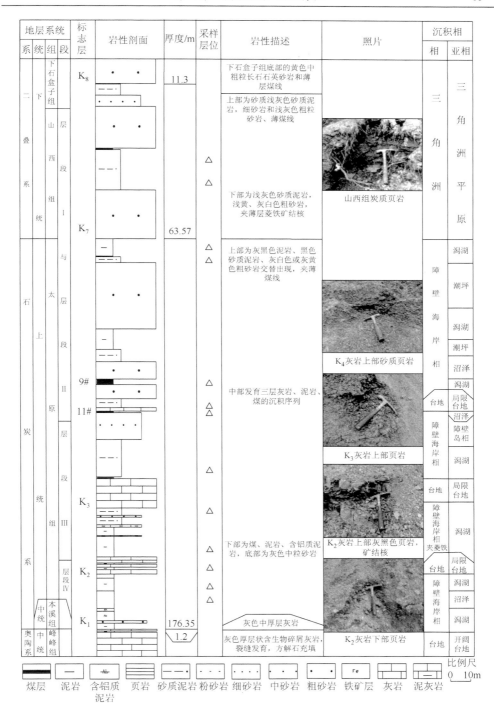

图 4-7　阳泉水泉沟剖面岩性柱状图

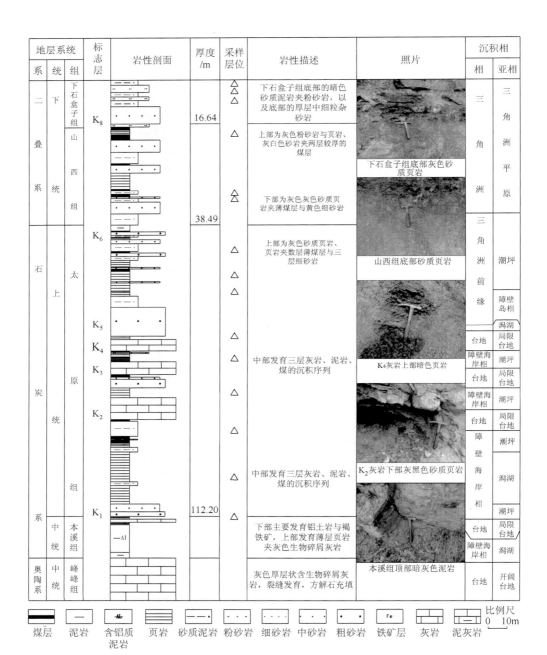

图 4-8　和顺南窑剖面岩性柱状图

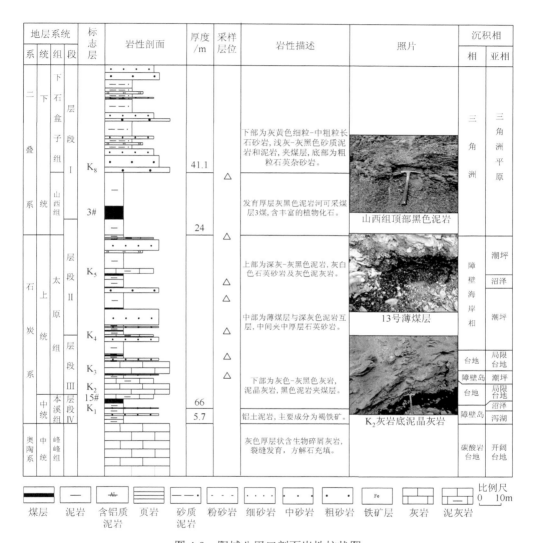

图 4-9　阳城八甲口剖面岩性柱状图

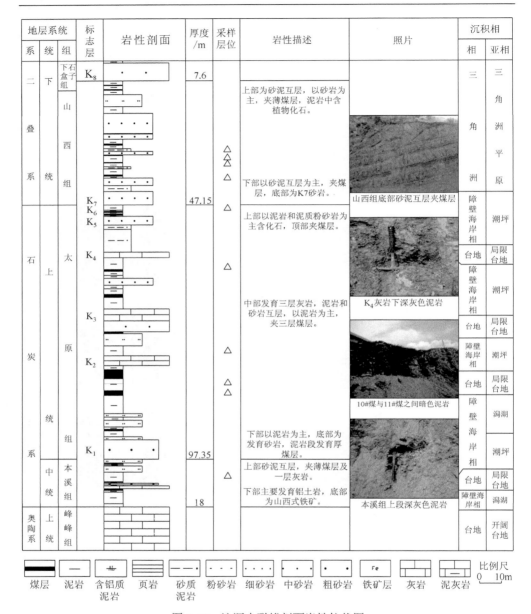

图 4-10 沁源小聪峪剖面岩性柱状图

（二）连井剖面厚度展布

连井剖面可以指示某一方向上不同层段岩性及厚度变化，针对收集的 40 余口有详细柱状信息的钻孔（井），选取东西方向 2 条、南北方向 2 条连井剖面共 17 口钻孔（井）进行单层厚度对比，确定有效页岩层段的延展性和连续性，了解不同泥页岩层在区域的空间展布特征。

1. 沁水盆地北部

在研究区北部坪头—什贴—寿阳—阳泉一带,第Ⅰ层段厚度为5～35m,沿坪头—阳泉一带整体呈中间厚、两边薄的趋势,坪头一带最薄,寿阳一带厚度最大,达到35m,研究区北部第Ⅰ层段页岩连续且厚度较大,有利于页岩气的赋存富集(图4-11)。

第Ⅱ层段在区域北部一般为5～40m,在什贴、寿阳、阳泉地区,页岩厚度均大于30m。第Ⅱ层段页岩在坪头地区发育较差,在什贴地区厚度最大,连续页岩层厚度在40m左右。寿阳—阳泉一带页岩被砂岩分割为三段,其中最厚的一段页岩连续厚度在30m左右。什贴、寿阳、阳泉一带第Ⅱ层段页岩厚度大,有利于页岩气的成藏。

研究区北部的第Ⅲ层段页岩发育较差,一般被较厚的砂岩或灰岩所分割,形成若干层厚度较小的页岩,每层页岩连续厚度为2～20m,且在区域上发育不稳定。

第Ⅳ层段页岩连续厚度一般为15～44m,各地区页岩发育情况差异较大,寿阳、阳泉一带,页岩连续厚度在15～25m,什贴地区页岩连续厚度可达40m以上。

整体而言,沁水盆地北部什贴、寿阳、上湖、阳泉地区第Ⅰ层段、第Ⅱ层段页岩发育较好,可作为页岩气有利待选区,第Ⅲ层段、第Ⅳ层段页岩发育不稳定,连续厚度较小,相对而言不利于页岩气的赋存富集。

2. 沁水盆地南部

在研究区南部义唐—白村—横水—柿庄—长治一带,第Ⅰ层段厚度总体范围在5～60m,在这一东西分带上呈现中部厚、边缘薄的趋势,同时沁水复向斜东翼较西翼厚。其中柿庄一带最厚,泥页岩连续厚度最大可达35m,白村地区泥页岩厚度最薄。研究区南部大部分地区第Ⅰ层段泥页岩连续性好且厚度大,是页岩气开发的有利层段,尤其是横水至长治一带(图4-12)。

第Ⅱ层段厚度为25～88m,总体呈东部厚、西部薄的趋势,柿庄一带最厚,泥页岩连续厚度最大可达52m,白村地区最薄。研究区南部泥页岩连续性较好,厚度较大。

第Ⅲ层段泥页岩总厚度为10～42m,整体呈中部厚、东西部薄的趋势,柿庄一带最厚,最大泥页岩连续厚度可达22m。整体上泥页岩被灰岩分割成几段,纵向上连续性较差。

第Ⅳ层段厚度为8～26m,泥页岩发育纵向上的连续性及平面上的稳定性均较差。

整体而言,研究区南部重点开发层段应该集中在第Ⅱ层段和第Ⅰ层段,柿庄、长治作为优先选择区域。

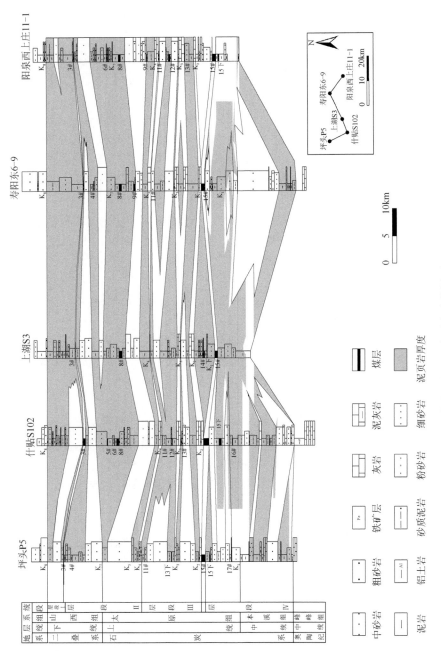

图 4-11 盆地北部页岩岩厚度连井剖面

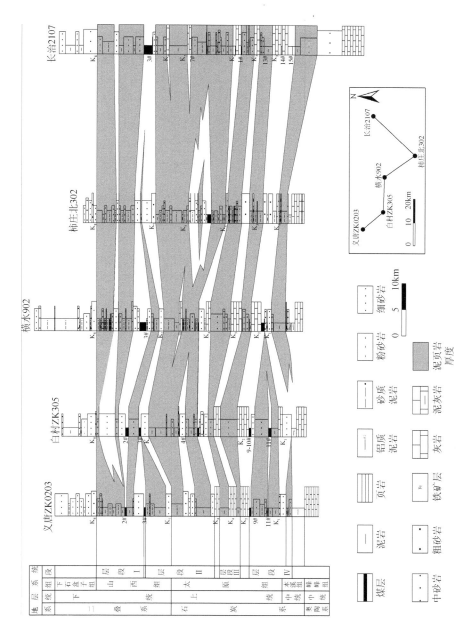

图 4-12 盆地南部泥页岩厚度连井剖面

3. 沁水盆地西侧

在研究区义唐—新漳—沁水—来远一线，第Ⅰ层段页岩层厚 10~27m，厚度最大区域位于义唐一带，连续层厚达 22m。本区泥页岩层厚度呈由南往北递减的趋势。此层段泥页岩区域及垂向分布连续性较强，泥页岩连续层厚均大于 10m。

第Ⅱ层段泥页岩层厚 8~40m，总体呈南高北低的趋势。泥页岩连续厚度一般为 8~20m，最大可达 31m 以上，来远地区最薄，仅 8m。义唐地区泥页岩被两层连续厚层砂岩分割，单层泥页岩厚度较薄；新漳和沁水地区泥页岩连续性较好，单层厚度大。整体而言，该层段泥页岩区域分布不稳定。

第Ⅲ层段泥页岩层厚 7~20m，多数被灰岩和砂岩分割。区域上发育不稳定，不利于页岩气的赋存富集。

第Ⅳ层段泥页岩层厚 20~31m，新漳、沁水一带较厚，义唐、来远一带稍薄，南部层厚稳定，往北泥页岩之间砂岩隔层增厚。新章地区泥页岩连续厚度最大，为 29m。总体而言，泥页岩垂向连续性较强，区域内分布稳定。

整体而言，义唐、新章地区泥页岩厚度较大且相对稳定（图 4-13）。

4. 沁水盆地东部

在研究区东部胡底南—柿庄北—河神庙—上北漳—上阳一线，第Ⅰ层段厚 12~58m，其中柿庄北一带最厚，河神庙最薄，总体呈中间低、南北高的特征。泥页岩单层厚度最大为 27m，位于上阳地区。胡底南、柿庄及上阳一带单层泥页岩连续厚度均有达到 24m 及以上，上北漳地区泥页岩连续厚度也达到了 17m 左右。第Ⅰ层段在胡底南至上阳一线分布较稳定，厚度较大，是有利的页岩气开发层段。

第Ⅱ层段地层厚度为 28~88m，柿庄一带最厚，胡底南一带最薄，其余地区总厚相当。该层段泥页岩被两层砂岩及灰岩所分割，除胡底南泥页岩连续厚度为 8~10m 外，其他地区泥页岩单层厚度均在 22m 以上，柿庄地区可达 52m。整体而言，该层段泥页岩连续性较好，全区分布稳定，是页岩气开发的有利位置。

第Ⅲ层段厚度为 10~42m，柿庄一带最厚，河神庙一带最薄。泥页岩多数被砂岩或灰岩分割成数段，泥页岩单层厚度小，一般在 10m 以下，柿庄地区泥页岩单层厚度最大，为 22m。总体而言，除柿庄地区外，该层段泥页岩在其他地区均发育较差。

第Ⅳ层段厚度为 0~27m，泥页岩总厚呈南低北高的特征，上阳地区最厚，胡底南一带泥页岩基本不发育。此层段泥页岩常被煤层、灰岩以及砂岩分割成数段，单层厚度小。在河神庙、上北漳、上阳一带，泥页岩连续厚度一般为 12~19m。该层段在区域内分布不稳定、连续性不强。

整体而言，在胡底至上阳一线，第Ⅰ层段、第Ⅱ层段泥页岩发育较好。柿庄和上阳可作为页岩气有利待选区（图 4-14）。

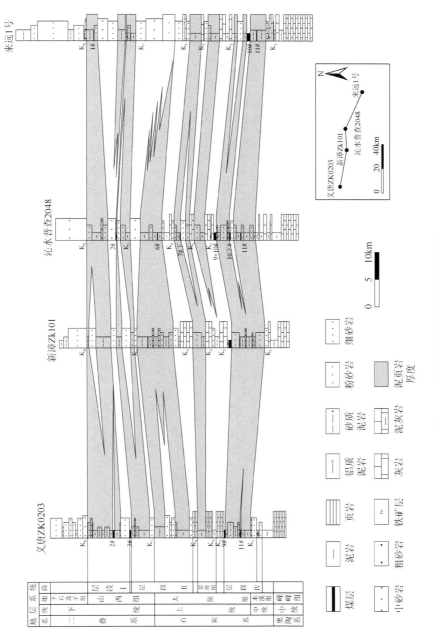

图 4-13　盆地西侧泥页岩厚度连井剖面

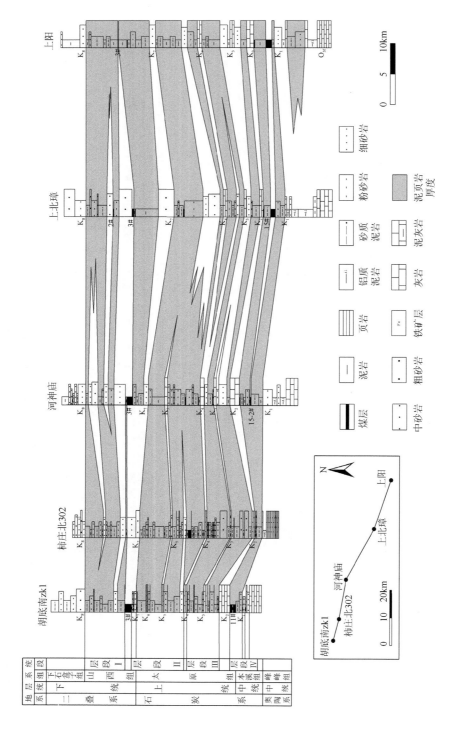

图 4-14　盆地东部泥页岩厚度连井剖面

综合整个沁水盆地来看，第Ⅰ层段、第Ⅱ层段页岩发育较好，垂向上连续厚度较大，区域上分布稳定，第Ⅲ层段页岩常被灰岩、砂岩所分隔，连续厚度较小。第Ⅰ层段、第Ⅱ层段、第Ⅳ层段页岩应作为主要目的层进行页岩气的评价与开发。

（三）研究区等厚图

区域厚度等值线图能反映同一层段的泥页岩在全区的厚度展布规律，根据各个钻孔统计的暗色泥页岩厚度，考虑不同层段页岩系统中各类岩性的富烃性，重点统计具有产气能力的泥页岩厚度，绘制出第Ⅰ层段、第Ⅱ层段、第Ⅲ层段、第Ⅳ层段四套煤系地层的泥页岩厚度等值线图（图4-15）。

在所统计的钻孔之中，第Ⅰ层段页岩厚度为6.7～68.5m，大部分区域厚度处于20～40m（图4-15（a）），研究区祁县—太谷县—晋中市—阳泉市一带、榆社县—左权县—武乡县一带、屯留县—沁源县一带、沁水县—长治市一带，泥页岩发育好，厚度在30m以上，有利于页岩气的赋存与富集。

第Ⅱ层段页岩厚度在所划分的四个泥页岩层段中最大，一般为20～70m（图4-15（b）），大部分区域泥页岩厚度大于30m，由西至东呈递增趋势，沁县、左权、屯留长治一带页岩厚度均在50m以上。整个研究区第Ⅱ层段泥页岩发育均较好，厚度大，是页岩气开发的有利层段。

整体而言第Ⅲ层段页岩厚度较小，一般在10～40m，大部分地区泥页岩厚度为10～30m，祁县—太谷县—平定县一带泥页岩发育较好，厚度大于30m（图4-15（c）），是第Ⅲ层段泥页岩发育的有利区域。

第Ⅳ层段页岩厚度整体呈由北向南递减的趋势，在盆地北部晋中—寿阳一带，页岩厚度在40～80m，盆地中部地区页岩厚度在30～50m，盆地南部的大部分地区页岩厚度降至10～25m（图4-15（d）），研究区中部与北部泥页岩发育好，厚度大于30m，有利于页岩气的成藏与开发。

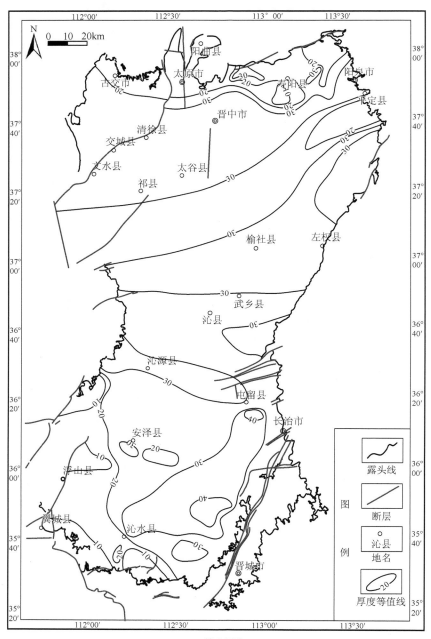

(a) 第 I 层段

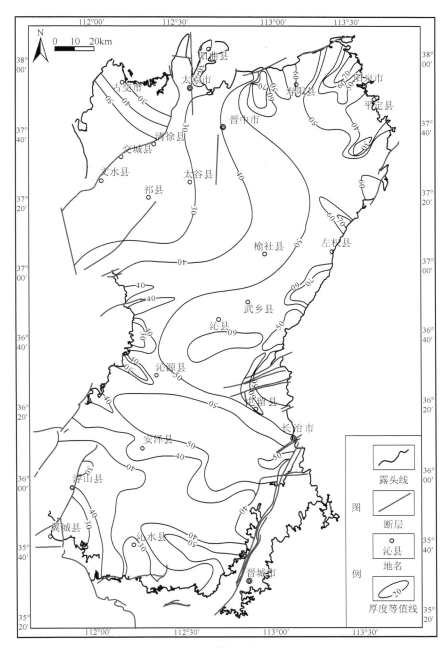

(b) 第Ⅱ层段

图 4-15 沁水盆地上古生界泥页岩厚度等值线

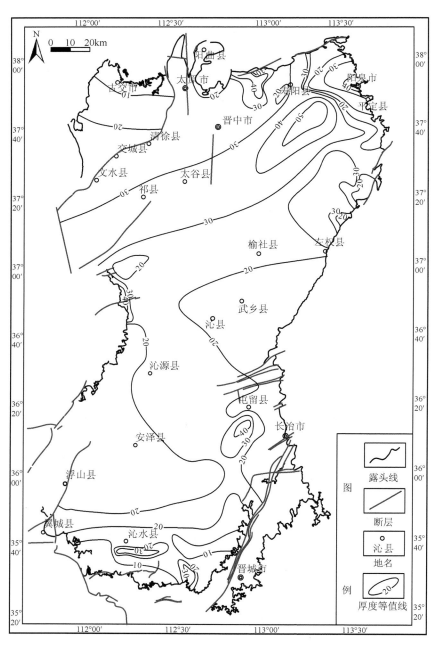

(c) 第III层段

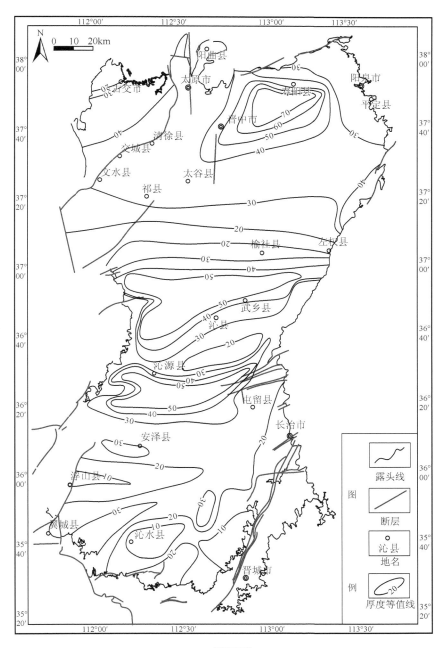

(d) 第Ⅳ层段

图 4-15（续）

第二节　目的层页岩埋深特征

对研究区资料统计分析研究，绘制了研究区第Ⅳ层段泥页岩底界埋深图，如图 4-16 所示。

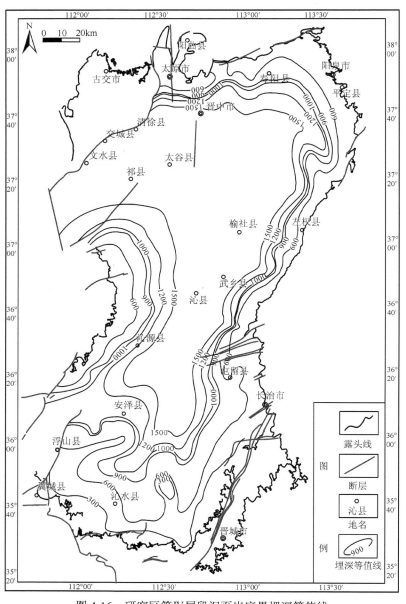

图 4-16　研究区第Ⅳ层段泥页岩底界埋深等值线

　　盆地四周均有太原组、山西组出露，从泥岩露头线向盆地中央埋藏深度逐渐增大，以沁县为中心的沁水向斜轴部地区，泥页岩埋藏深度超过 2000m，但面积有限。在晋中断陷，泥页岩埋藏深度一般在 2000～4000m，清徐一带泥页岩埋深超过 5000m，在临汾断陷，一般小于 2000m。纵观沁水盆地泥岩埋深变化，盆地内部页岩整体埋深处于 1000～3500m，约占盆地面积的四分之三，这是页岩气成藏的最佳埋藏深度，北美页岩气开发较为成功的地区页岩埋藏深度也是处于 1000～3500m，由此可见，沁水盆地页岩埋藏深度对页岩气成藏十分有利，应将盆地内部石炭—二叠系泥页岩埋深在 1000～3500m 的区域作为页岩气勘探开发重点区域。

第三节　页岩岩石学特征

　　沉积物的岩石学特征是页岩气成藏的重要控制因素，主要包括泥页岩的构造和粒度特征、岩石矿物组成、生物化石特征等。页岩气藏发育的泥页岩主要为暗色或黑色的细颗粒沉积层，呈薄层状或块状。例如，美国德克萨斯州 Fort Worth 盆地 Barnett 页岩及其上下相邻地层由不同的岩相组成，Barnett 页岩及上下相邻地层可识别出 3 种岩性，分别为薄层状硅质泥岩、薄层状含黏土的灰质泥岩（泥灰）和块状灰质泥粒灰岩，主力产气层位为上 Barnett 页岩和下 Barnett 页岩，以层状硅质泥岩为主，主要由细微颗粒（黏土质至泥质大小）的物质组成。

　　但是沁水盆地与 Fort Worth 盆地经历了不同的沉积演化，形成了不同的岩相组合。通过野外层理构造、生物、矿物成分以及钻井岩性显微镜、扫描电镜观察发现，沁水盆地上古生界 4 个层段暗色泥页岩主要存在 4 种岩相类型：

　　1）黑色碳质页岩相

　　含大量炭化有机质，有机碳含量为 2.5%～10%。手标本呈黑色、灰黑色，易染手，页理发育，性脆，富含植物化石；镜下观察具泥状结构，在薄片上只有细粒石英颗粒呈斑点状分布其间，颗粒磨圆中等，次棱角—次圆状，分选较差，主要矿物有黏土矿物、石英、云母和长石，含黄铁矿和方解石（图 4-17（a）～（d））。沼泽或其他富含植物的低能或静水环境泥质沉积物的成岩产物。

　　2）粉砂质页岩相

　　手标本呈灰黑色、深灰色，发育水平层理（图 4-17（e）～（h）），亮纹层为粉砂层，暗纹层为泥质层。显微镜下观察发现，碳质层与粉砂质薄层互层分布，碎屑颗粒含量 20%～40%，以石英为主，呈漂浮状产出，分选较差，磨圆中等，次棱角—次圆状。黏土矿物多呈鳞片状或无定形。黑色物主要为富含有机质的黏土矿物，有机质与黏土混杂，镜下难以分辨（图 4-17（g））。

3）钙质页岩相

块状构造，手标本中可见灰质断口。镜下为钙质胶结，钙质含量可达 25%～50%，发育有纹层状，亮层为钙质层或含钙质较高的黏土层，暗层为黏土矿物层（图 4-17（i）～（l））。

4）黑色普通页岩

手标本呈黑色、灰黑色，与碳质页岩的区别在于普通页岩不染手，在石炭—二叠系地层中较为发育。硬度小，且多呈薄层状，发育水平层理、块状层理（图 4-17（m）～（p））。矿物成分主要为黏土矿物，含量在 70%～90%，颗粒粒度一般为粉砂级或黏土级。含有植物化石和黄铁矿。

| 碳质页岩 | 粉砂质页岩 | 钙质页岩 | 黑色普通页岩 |

图 4-17　页岩岩相特征（见彩图）

（a）柳子沟，黑色碳质页岩，山西组，厚 0.4cm；（b）阳城通义浅井，黑色碳质页岩；（c）黑色碳质页岩，单偏光，×200，含大量有机质；（d）义唐钻孔岩心，黑色碳质页岩；（e）阳城，太原组，灰黑色粉砂质页岩；（f）深灰色粉砂质页岩，水平层理发育；（g）粉砂质页岩，单偏光，×160，石英颗粒漂浮于黏土矿物中；（h）苏家坡钻孔岩心，634m，粉砂质页岩，水平纹层发育；（i）七里沟，灰黑色钙质页岩，块状层理；（j）钙质页岩中的方解石，扫描电镜，×16000；（k）钙质页岩，单偏光，×100，亮色为方解石层，暗色为黏土层；（l）义唐钻孔岩心，块状钙质页岩；（m）黑色页岩，节理极为发育；（n）黑色页岩，富含伊利石、石英、方解石和黄铁矿等，扫描电镜，×5008；（o）黑色页岩，单偏光，×40，泥质颗粒向上减少；（p）黑色页岩，块状层理普通页岩的矿物成分较纯且含分散黄铁矿，表明其沉积环境为相对安静的深水环境，陆源碎屑物质输入较少，这为有机质的富集与保存提供了良好的条件，使得这类页岩可以成为良好的烃源岩。

不同类型的岩相，其特征不同，沉积环境、发育层位有差别，其中碳质页岩发育于潟湖-沼泽环境中，靠近煤层发育；粉砂质页岩发育于潮坪环境；钙质页岩发育于海陆过渡环境中的潟湖相；而黑色普通页岩发育于潟湖环境。

各种岩相类型中，裂缝均较为发育，从钻井资料研究来看，裂缝基本上被次生矿物充填，充填物主要为方解石和石英。

第四节　有机质类型

在不同沉积环境中，由不同来源有机质形成的干酪根，其性质和生油气潜能差别很大。根据干酪根样品的碳、氧、氢元素的分析结果，干酪根类型按三类四分法分类，Ⅰ型：腐泥型；Ⅱ型（Ⅱ₁：腐殖腐泥型；Ⅱ₂：腐泥腐殖型）；Ⅲ型：腐殖型（表4-2）（戴鸿鸣等，2008）。

表 4-2　有机质类型划分标准（据戴鸿鸣等，2008）

类型	干酪根 $\delta^{13}C$/（‰）	干酪根显微组分 HI 值
Ⅰ	<−29	>80
Ⅱ₁	−29～−27	40～80
Ⅱ₂	−27～−25	0～40
Ⅲ	>−25	<0

Ⅰ型干酪根：以含类脂化合物为主，直链烷烃很多，多环芳烃及含氧官能团很少，具高氢低氧含量，主要来自藻类沉积物，也可能是各种有机质被细菌改造而成，生油潜能大，每吨生油岩可生油约1.8kg。

Ⅱ₁/Ⅱ₂型干酪根：氢含量较高，但较Ⅰ型干酪根略低，为高度饱和的多环碳骨架，含中等长度直链烷烃和环烷烃较多，也含多环芳烃及杂原子官能团，来源于海相浮游生物和微生物，生油潜能中等，每吨生油岩可生油约1.2kg。

Ⅲ型干酪根：具低氢高氧含量，以含多环芳烃及含氧官能团为主，饱和烃很少，来源于陆地高等植物，对生油不利，但埋藏足够深度时，可成为有利的生气来源。

目前烃源岩有机质类型评价方法主要有机岩石学评价方法、干酪根碳同位素法以及干酪根元素分析法三种方法。本次研究主要依据干酪根的显微组分 H/C、O/C 原子比及热解参数中 T_{max} 与 HI 关系图来确定页岩的干酪根类型。

1. H/C、O/C 原子比

I 型干酪根 H/C 原子比一般大于 1.5，O/C 原子比低，一般小于 0.1；II 型干酪根 H/C 原子比为 1.0～1.5，O/C 原子比为 0.1～0.2；III 型干酪根 H/C 原子比一般小于 1.5，O/C 原子比可高达 0.2。通过抽提页岩中的干酪根并对其进行元素分析，结果表明研究区页岩样品干酪根由碳、氢、氧、硫、氮五种元素组成，但主要以碳、氢元素为主，H/C 原子比均小于 0.5，属于 III 型干酪根（表 4-3）。

表 4-3　页岩干酪根的元素组成及类型

样品号	层位	层段	井深/m	质量分数/%			原子比		干酪根类型
				碳	氢	氧	H/C	O/C	
HS-3	P₁s	I	1413.3	54.80	2.10	3.80	0.460	0.052	III型
HS-8	P₁s	I	1433.0	70.70	2.60	3.80	0.441	0.040	III型
HS-9	C₂t	II	1481.3	45.50	1.70	2.50	0.448	0.041	III型
HS-14	C₂t	III	1515.2	46.70	1.80	3.10	0.463	0.050	III型
HS-19	C₂t	III	1538.5	64.50	2.50	3.50	0.465	0.041	III型
HS-24	C₂t	IV	1542.5	68.50	2.50	3.70	0.438	0.041	III型
HS-33	C₂b	IV	1552.5	79.00	2.90	3.20	0.441	0.030	III型

2. 热解参数

本次研究选取了全区 8 个钻孔中的 20 个岩心样品进行热解分析，获得了热解峰温 T_{max}、氢指数 HI 等一系列热解参数，如表 4-4 所示。

表 4-4　沁水盆地石炭—二叠系泥页岩热解参数

样品编号	TOC/%	T_{max}/℃	S₁/(mg/g)	S₂/(mg/g)	(S₁+S₂)/(mg/g)	产率指数 PI	氢指数 HI/(mg/g TOC)
QX-2	1.30	493.9	0.01	0.56	0.57	0.02	42.73
QX-17	1.35	476.7	0.01	0.14	0.15	0.06	10.44
QX-31	0.47	474.2	0.01	0.03	0.03	0.28	5.43
YB-19	1.00	318.8	0.01	0.01	0.02	0.47	0.89
YB-24	0.66	347.5	0.01	0.01	0.02	0.43	1.95
YB-29	1.37	317.5	0.01	0.01	0.02	0.46	0.77
SJ-13	1.09	497.9	0.01	0.25	0.26	0.04	23.11
SJ-22	1.12	514.6	0.01	0.16	0.17	0.04	14.23
SJ-42	1.08	563.8	0.01	0.17	0.18	0.07	15.88
HX-20	1.29	589.2	0.01	0.11	0.13	0.10	8.81
HX-35	1.33	585.8	0.01	0.16	0.16	0.04	11.73

续表

样品编号	TOC/%	T_{max}/℃	S_1/（mg/g）	S_2/（mg/g）	（S_1+S_2）/（mg/g）	产率指数 PI	氢指数 HI/（mg/g TOC）
HS-2	1.11	548.3	0.01	0.12	0.12	0.05	10.39
HS-24	1.03	590.8	0.01	0.06	0.08	0.20	6.15
YS-14	0.71	447.9	0.01	0.01	0.02	0.72	0.84
YS-41	0.94	578.3	0.01	0.04	0.04	0.18	4.13
XQ-14	1.22	568.8	0.01	0.18	0.19	0.04	14.73
XQ-22	1.31	508.8	0.01	0.51	0.52	0.02	38.61
Yt-7	1.05	511.7	0.01	0.22	0.23	0.04	21.24
Yt-26	1.20	481.3	0.02	0.16	0.18	0.11	13.58
Yt-37	1.17	508.8	0.04	0.32	0.35	0.10	27.06

　　由热解实验测试结果可知，沁水盆地泥页岩最高热解温度 T_{max} 为 590.8℃，生烃潜量（S_1+S_2）介于 0.02～0.57mg/g，HI 多位于 10～30mg/g。根据热解参数，在 T_{max} 与 HI 关系图中可看出整个沁水盆地石炭—二叠系泥页岩有机质类型均为Ⅲ型（图 4-18）。

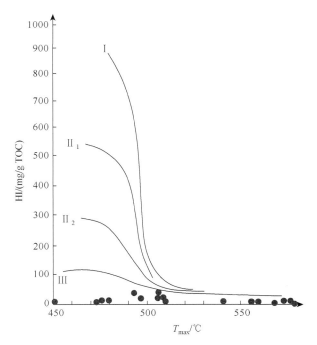

图 4-18　沁水盆地石炭—二叠系泥页岩 HI 与 T_{max} 关系图

第五节 有机质丰度

有机质丰度是评价烃源岩生烃能力的重要参数之一，在其他条件相近的前提下，岩石中有机质丰度越高，生烃能力越高。

（一）有机碳测试结果

有机碳是指存在于页岩有机质中的碳，是页岩气聚集最重要的控制因素之一。TOC 含量越高，生烃潜力越大，单位面积内泥页岩的含气性也越高，一定程度上也有利于甲烷的吸附（郭岭等，2011）。

选择沁水盆地野外采集的 46 个露头样品和 15 口钻孔 431 个岩心样进行总 TOC测试分析可知，沁水盆地上古生界四套泥页岩野外露头样泥页岩 TOC 含量总体分布于 0.40%～10.86%，零星出现于煤相近的高值有机碳值，如 59.25%（表 4-5），钻孔样泥页岩 TOC 含量主体分布于 0.12%～22.78%（表 4-6），但各层的 TOC 均值普遍大于野外露头样（表 4-7），均值可达 2.52%，其中第 II 层段泥页岩 TOC 最大，为 2.98%，其他三段泥页岩 TOC 均值都在 2.3%以上，可与南方海相页岩的 TOC 值相当，有利于形成沁水盆地页岩气藏。

表 4-5　沁水盆地野外露头富有机质泥页岩 TOC

目的层	TOC/%				
	东山	西山	陵川	小聪峪	阳泉
第 I 层段	0.83～1.91	—	—	0.6	2.12～17.25
第 II 层段	0.94～1.67	1.4～10.86	1.06	0.94	0.79～59.25
第III层段	0.4～1.36	2.34～2.47	0.71	1.78	2
第IV层段	0.98	2.75～3.08	—	0.67	—
总体变化	0.40～1.91	1.4～10.86	0.71～1.06	0.6～1.78	0.79～59.25

表 4-6　沁水盆地钻孔岩心样富有机质泥页岩 TOC

目的层	TOC/%							
	横水	上北漳	胡底南	新章	柿庄	石哲	苏家坡	通义
第 I 层段	0.39～6.34	0.87～4.61	0.46～4.96	1.4～5.0	0.48～6.69	1.01～17.9	0.33～5.22	2.67～2.78
第 II 层段	2.07～4.78	1.9～10.52	0.18～4.24	1.13～4.51	1.29～7.74	1.23～23.3	1.17～8.94	0.34～12.87
第III层段	1.8～3.21	1.5～4.06	0.78～19.01	1.32～2.8	0.26～7.73	1.6～3.56	1.6～4.71	0.26～5.66
第IV层段	0.6～19.21	3.07～3.52	0.46～4.55	2.05～22.78	—	2.2～12.03	2.23～3.22	0.74～1.44

目的层	TOC/%						
	义唐	上阳	河神庙	寺头	白村	上湖	西庄
第Ⅰ层段	0.77~3.63	0.66~1.63	0.58~10.01	0.59~1.41	0.75~2.35	0.2~1.44	1.67~3.17
第Ⅱ层段	0.49~3.41	1.92~3.92	1.37~2.43	0.9~6.06	0.14~4.79	0.27~17.2	0.16~6.38
第Ⅲ层段	1.2~4.08	1.64~13.82	0.72~11.51	1.4~3.18	0.97~7.84	0.78~1.66	0.12~11.8
第Ⅳ层段	0.51~2.14	1.2~3.63	0.32~6.09	0.22	1.72~2.56	0.42~8.25	0.44~1.97

表 4-7　沁水盆地钻孔岩心样 TOC 均值

目的层	TOC/%															
	横水	上北漳	胡底南	新章	柿庄	石哲	苏家坡	义唐	上阳	通义	河神庙	寺头	白村	上湖	西庄	均值
第Ⅰ层段	2.03	2.88	2.21	2.56	2.78	5.71	2.03	1.85	1.01	2.73	2.77	1.00	1.72	2.39	0.67	2.29
第Ⅱ层段	3.45	2.82	1.97	3.24	2.96	4.67	2.28	1.89	2.56	5.66	2.08	4.67	1.93	1.94	2.65	2.98
第Ⅲ层段	2.55	2.86	2.14	1.96	2.88	2.27	2.39	2.23	1.80	3.79	3.12	2.22	2.47	3.10	1.20	2.47
第Ⅳ层段	2.23	3.29	2.14	4.12	—	2.0	2.66	1.55	2.25	1.09	2.47	—	2.14	1.25	3.25	2.34
均值	2.59	3.24	2.55	3.8	3.49	4.44	2.47	1.79	2.56	3.90	2.71	2.93	2.14	2.35	2.16	2.52

此外，由图 4-19 可知，沁水盆地四段富有机质泥页岩 TOC 大部分在 1.5%~5%，占 59.18%，主要集中在第Ⅱ层段和第Ⅲ层段；TOC<1.5%的占 28.51%，第Ⅰ层段中小于 1.5%的样品数最多；TOC>5%的占 12.31%，四个层段的样品数所占比例相近。总体而言，TOC 分布比较集中，绝大多数泥页岩 TOC>1.5%，具有明显优势，表明沁水盆地四段富有机质泥页岩储层是有利的页岩气储层，具有较强的生烃潜力。

由上述 3 个 TOC 统计表看出，沁水盆地各地区 TOC 值变化大，各目的层中第Ⅱ层段的泥页岩 TOC 含量高，变化范围也是最大的。就区域而言，沁水盆地中部，以新章和上北漳为代表，TOC 均值为 3.52%，高于沁水盆地南部地区（以横水、胡底南、柿庄为代表，TOC 均值为 2.88%），沁水盆地东北部（以苏家坡和上阳钻孔为代表，TOC 均值为 2.52%）和沁水盆地西北部（以西山露头样为代表，TOC 均值为 2.69%）。而潞安石哲钻孔泥页岩的 TOC 均值最高，该地区第Ⅰ层段和第Ⅱ层段具有很高的 TOC 含量。总体而言，各个地区 TOC 均值相差不大，但是盆地中心各层段 TOC 均值一般比盆地周缘 TOC 均值要大。

对比各目的层可知（图 4-19），第Ⅰ层段泥页岩 TOC 含量分布于 TOC 下限值以下的较其他三个层段最多，第Ⅱ层段和第Ⅲ层段泥页岩 TOC 分布主要集中于 1.5%~5%，样品数可达 50%以上，第Ⅳ层段泥页岩 TOC 在各个数值区间分布相对比较均匀，各个区间的样品数差别不大。就各目的层均值而言（表4-7），第Ⅰ层段为2.29%，第Ⅱ层段为2.98%，第Ⅲ层段为2.47%，第Ⅳ层段为2.34%，但是数据变动较大。综上所述，考虑到全区TOC分布的稳定性，第Ⅱ层段是最有利的富有机质泥页岩，生烃潜力最强，第Ⅰ层段和第Ⅲ层段次之，第Ⅳ层段的泥页岩总体生烃能力最差。

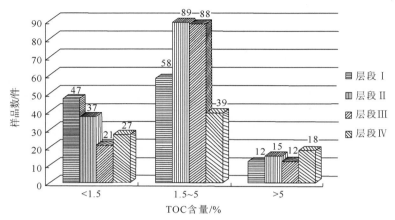

图4-19　沁水盆地富有机质泥页岩有机碳含量分布图

在盆地中部地区四个层段的TOC值相差不大，在盆地南部第Ⅱ层段的泥页岩TOC值相比于其他地区明显高于另外三个层段。选取6口钻孔的泥页岩TOC值，并绘制了TOC与埋深的关系图，如图4-20所示，各个钻孔泥页岩的TOC含量与

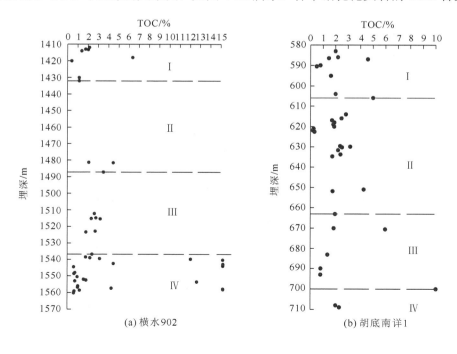

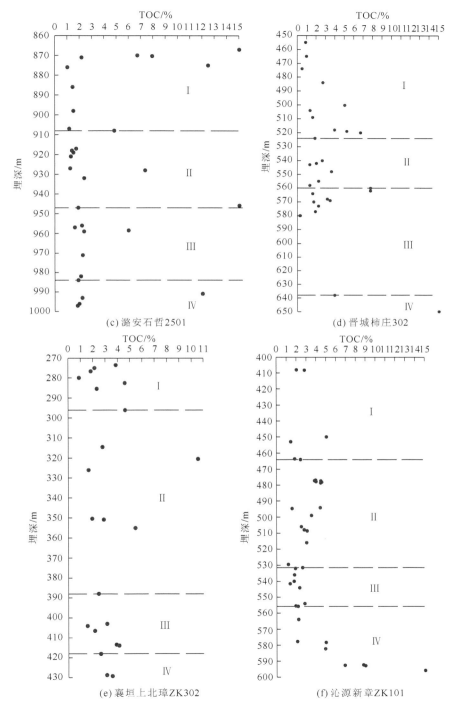

图 4-20　钻孔埋深与 TOC 关系图

埋深的相关性较差，只能看出各个沉积阶段的海侵海退对泥页岩 TOC 值有较大的影响，更能直观地看出四个层段泥页岩 TOC 值普遍大于 1.5%，第 I、第 II、第 III 层段的 TOC 总体分布较为集中，主要位于 1.5%～4.0%，而第 IV 层段的 TOC 值离散度较高，分布范围更广，有机碳高值点较多。

（二）目的层暗色页岩有机质丰度的空间展布特征

对所测试的 23 个地点的 477 件样品进行统计分析，包括 15 个钻孔点，8 个野外点。第 I 层段 TOC 在 0.60%～5.71%，平均为 2.33%，在平面上呈东部大，向西部递减的趋势，研究区西北及西南地区 TOC 值最小，均在 1.5%以下；在东北部寿阳一带，TOC 值达到最大；第 II 层段 TOC 在 0.71%～4.67%，平均为 2.44%，中部及南部 TOC 普遍高于北部，TOC 最高值在阳城地区；第 III 层段 TOC 在 0.88%～3.05%，平均为 2.15%，本段 TOC 在研究区内变化不大，绝大多数地区 TOC 处于 2%～3%；第 IV 层段 TOC 在 0.67%～3.25%，平均为 2.40%，呈现出中部大、南北两侧小的特点，TOC 最大值位于沁源—襄垣附近一带（图 4-21）。

第六节　有机质成熟度

（一）有机质成熟度（$R_o\%$）测试结果

有机质成熟度是有机质演化程度的衡量指标，反映有机质是否已经进入热成熟生气阶段（生气窗），有机质进入生气窗后，生气量剧增，有利于形成商业性页岩气藏。泥页岩中的有机质成熟度不仅可以用来预测页岩的生烃潜能，还能用来评价高变质区泥页岩储层的潜能，是页岩气聚集形成的重要指标。

由于泥岩中镜质体较为破碎，一般难于找到标准的镜质体，本次测试的 44 个页岩样品中往往有固态沥青赋存，给沁水盆地泥页岩的成熟度研究和定量评价带来了一定的难度，在测试中容易产生误差，造成镜质体反射率测试偏小，故此次测试的 R_o 值是结合相邻的煤层 R_o 测试值，以及全区的地热分布和煤级分布进行校正的，由于盆地南北部经历的受热史过程差异较大，在校正过程中不能采用同一个校正系数，为了确定各个地区的校正系数，此次采用比值法计算出晋城、潞安及胡底南等地的 R_o 校正系数为 2，其余地区的校正系数为 1.54。校正后的 R_o 值如图 4-22 所示，从左往右依次代表了四个不同层段。由图可知，沁水盆地晚古生代泥页岩基本都处于 1.8%～2.5%，部分样品中泥页岩 R_o 达到 3.0%，甚至 3.5%以上，平均值为 2.33%，说明泥页岩的有机质大部分已经进入干气窗内，生成大量的热成因甲烷。因此，沁水盆地晚古生代泥页岩储层主体位于成熟—高成熟阶段，生成大量甲烷，有利于形成页岩气藏。

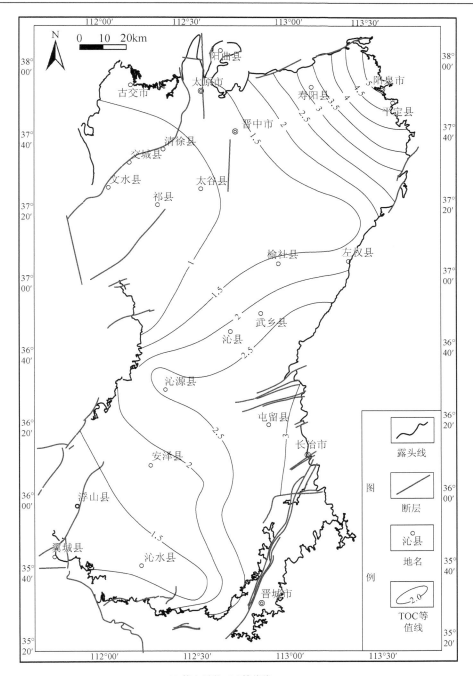

(a) 第Ⅰ层段TOC等值线

图 4-21　沁水盆地第Ⅰ～Ⅳ层段泥页岩 TOC 等值线

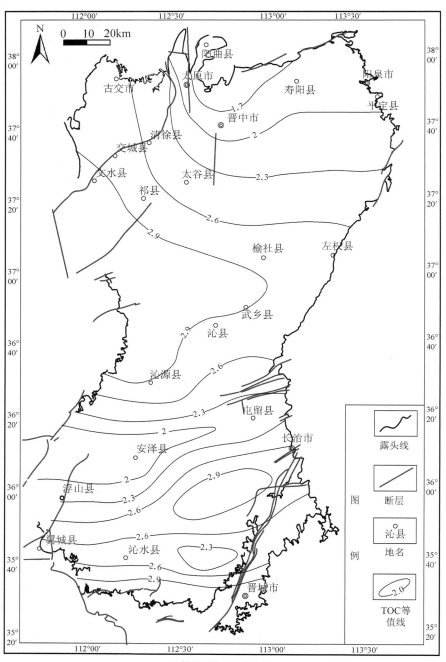

(b) 第Ⅱ层段TOC等值线

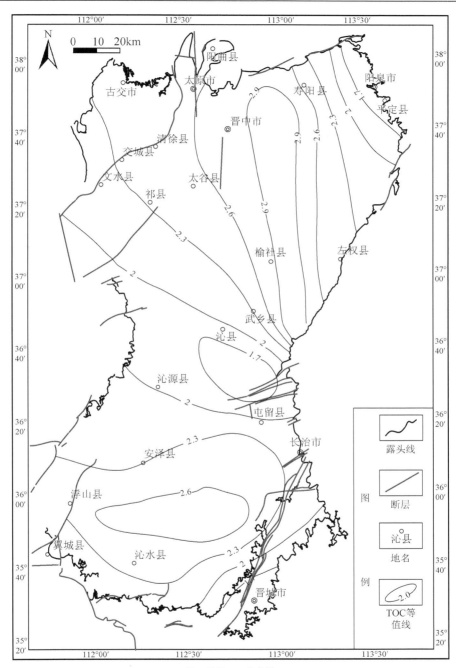

(c) 第Ⅲ层段TOC等值线

图 4-21（续）

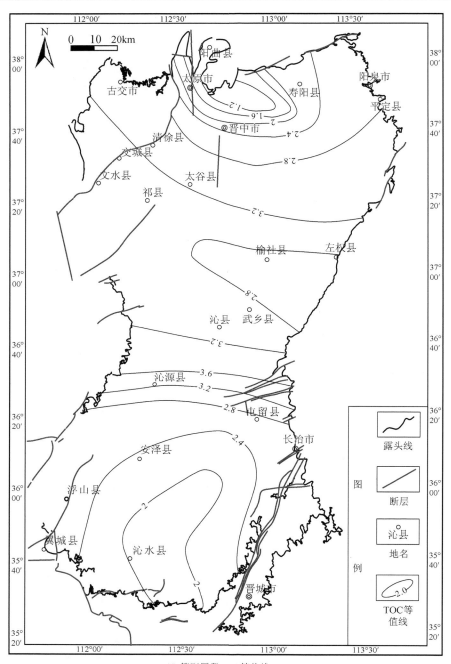

(d) 第Ⅳ层段TOC等值线

图 4-21（续）

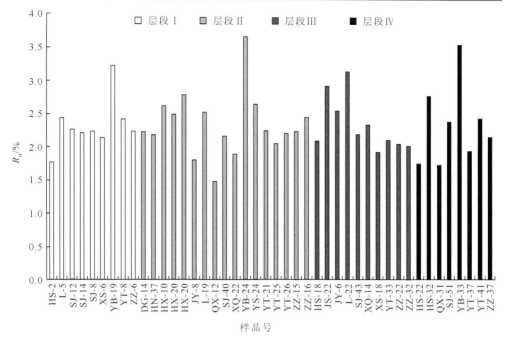

图 4-22 沁水盆地晚古生代泥页岩镜质组反射率

泥页岩有机质成熟度的分布总体比较稳定，各层段的 R_o 值相差不大，其中第 I 层段 R_o 值分布较为稳定，基本位于 2.3%左右；第 II 层段 R_o 值波动较大，分布在 1.48%～3.65%范围内，平均值约为 2.5%；第 III 层段 R_o 值介于 1.91%～3.14%，第 IV 层段 R_o 值介于 1.72%～3.54%，各个层段泥页岩的 R_o 值均达到了生气阶段。

各地区的有机质成熟度值略有差别（图 4-23），对比深部钻孔泥页岩 R_o 值，盆地中心较盆地北部、西部和南部略微偏低。在盆地西部沁源地区异常偏低，而位于盆地边缘的义唐和张庄等地则较高。对比深部钻孔泥页岩和近地表泥页岩 R_o 值可以看出，近地表泥页岩 R_o 值相对较高，尤其是阳泉地区，镜下可清晰看出大量的均质镜质体。R_o 值和埋深的关联性较小（图 4-24），但还是可以看出 R_o 值总体是随着埋深的增加而增大的趋势。

综上所述，沁水盆地晚古生代泥页岩 R_o 基本都处于 1.8%以上，正处于大量甲烷生成阶段，有利于形成页岩气藏；有机质成熟度在全区分布较均匀，盆地中心略微偏低；有机质成熟度表现出随埋深增加而增大的微弱趋势。

（二）沁水盆地目的层页岩有机质成熟度空间展布特征

沁水盆地泥页岩成熟度的变化主要受到埋藏深度以及构造热事件的控制。石

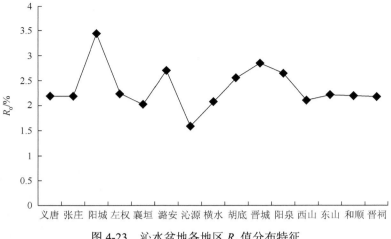

图 4-23　沁水盆地各地区 R_o 值分布特征

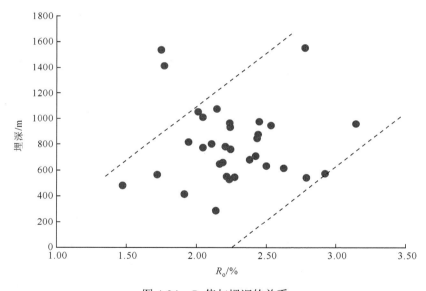

图 4-24　R_o 值与埋深的关系

炭—二叠系地层的泥页岩 R_o 在 1.2%～2.4%，都已进入生气窗，部分进入高成熟阶段，但都普遍低于煤的镜质体反射率。在盆地南端的晋城、阳城一带石炭—二叠系地层的镜质体反射率最高，可达 2.4%左右，可能是由于中生代晚期发生的构造热事件，使得局部地区古地温异常高，造成沁水盆地在其东南与东北部镜质体反射率相对较高（图 4-25）。

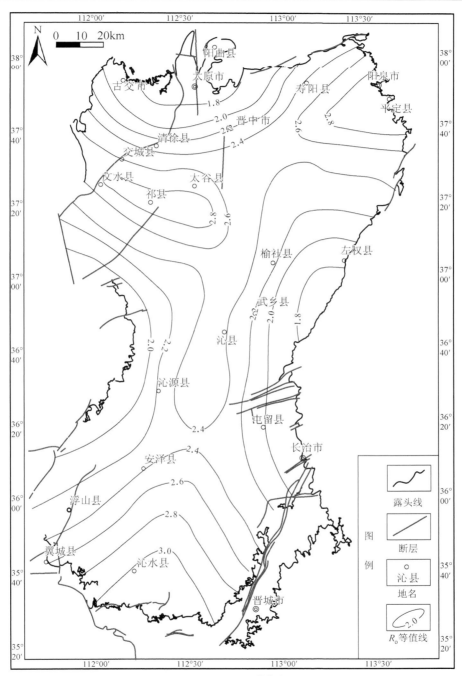

(a) 第Ⅰ层段页岩 R_o (%)比等值线

图 4-25 沁水盆地第Ⅰ～Ⅳ层段泥页岩 R_o （%）等值线

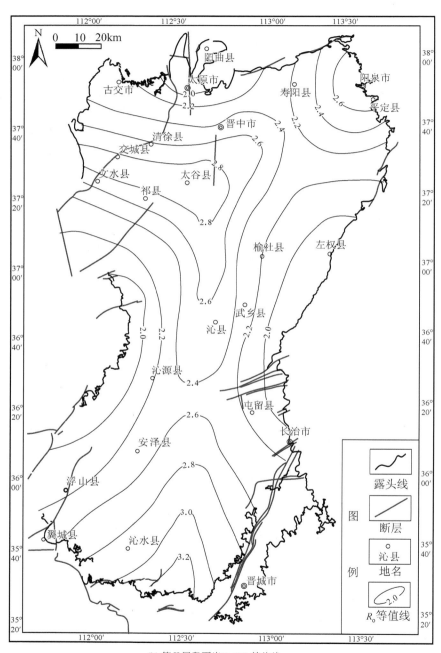

(b) 第 II 层段页岩 R_o (%) 等值线

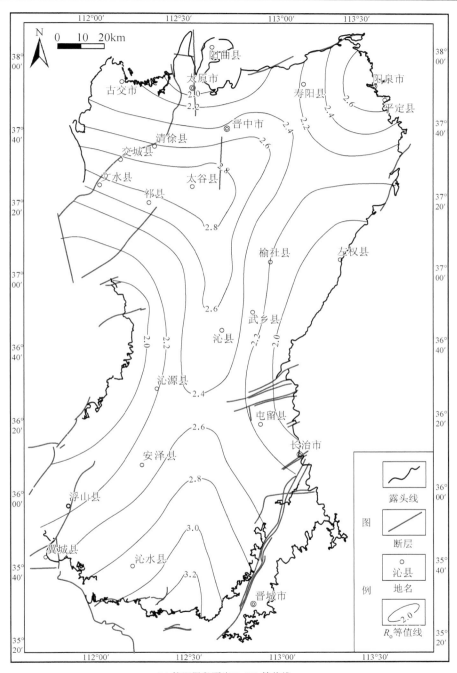

(c) 第Ⅲ层段页岩R_o(%)等值线

图 4-25（续）

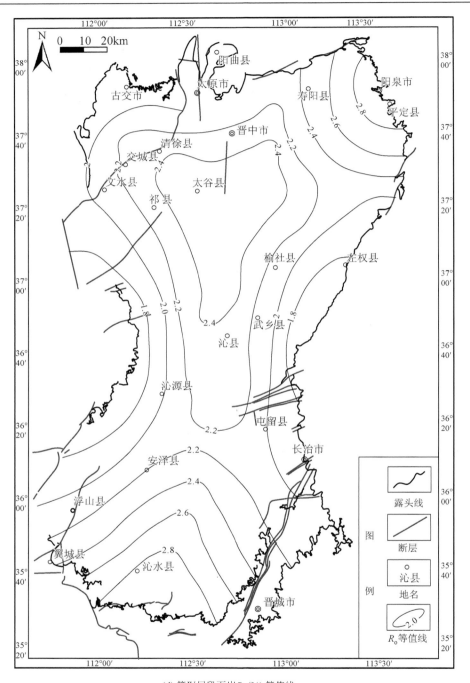

(d) 第Ⅳ层段页岩R_o(%) 等值线

图 4-25（续）

第七节　页岩矿物成分特征

页岩的矿物组成一般以石英或黏土矿物为主，此外还包括方解石、白云石等碳酸盐岩矿物以及长石、黄铁矿和少量石膏等矿物。黏土矿物包括高岭石、伊利石、绿泥石、伊蒙混层等，含少量蒙脱石或不含蒙脱石。本次研究主要通过 X 射线衍射（XRD）技术，对页岩全岩及黏土的物质组成进行分析。

一、X 射线衍射测试方法

X 射线衍射（XRD）技术是鉴定、分析和测量固态物质物相的一种基本方法，因其具有不破坏样品，不改变矿物种类，并快速、直接、可靠地鉴定出矿物种类的优点而得到广泛应用。每种矿物成分都有特定的化学成分和晶体结构，在 X 射线衍射测试中，对应有特定的 X 射线谱图。根据 X 射线衍射图谱给出的 d 值，查询 JCPDS（Joint Committee on Power Diffraction Standards）标准卡片，就可以准确地鉴定矿物，同时根据不同矿物衍射强度大小（衍射强度与其含量关系密切），可以定量计算出其含量。

页岩的全岩及黏土矿物 X 射线衍射分析测试时，样品均需要粉碎、研磨成粉末，其中全岩测试所需 0.5～1g 样品，粉碎至 200 目，黏土所需 60g，碾磨至 60～80 目。本实验采用日本理学（Rigaku）公司生产的 D/Max-3B 型 X 射线衍射仪，采用的技术标准为《沉积岩中黏土矿物和常见非黏土矿物 X 射线衍射分析方法》（SY/T 5163—2010）。

二、实验数据分析

通过对 106 个钻孔样品进行全岩 X 射线衍射实验得出，沁水盆地四个层段泥页岩的矿物成分一共有 9 种，包括：黏土矿物、石英、钾长石、斜长石、方解石、白云石、菱铁矿、黄铁矿和重晶石（表 4-8），主要矿物为黏土矿物、石英、斜长石、菱铁矿、黄铁矿和重晶石，钾长石、白云石和方解石仅在少数几个或个别样品中出现，在纵向上分布不均，呈聚集分布。其中黏土矿物含量最高，主要由伊蒙混层、高岭石及伊利石构成（图 4-26），平均为 53.8%，主要介于 40%～70%，占矿物成分的半数，其次为石英含量，均值为 33.9%，主要介于 25%～45%；方解石在所有的样品中是罕见的，仅胡底南钻孔中第 II 层段的一个样品中含有，含量仅为 0.6%；碳酸盐矿物（除方解石外）、黄铁矿和斜长石也占一定的比重，碳酸盐矿物含量平均为 11.2%，白云石和菱铁矿各占 5.6%，黄铁矿为 9.4%，斜长石为 4.1%。

表 4-8　全岩矿物组成一览表

矿物成分	全岩矿物组成/%	
	变化区间	均值
黏土矿物	34.8～79.4	53.8
石英	20.6～59	33.9
钾长石	1.5～2.8	2.2
斜长石	0.8～14.0	4.1
方解石	0.6	0.6
白云石	2.1～9.2	5.6
菱铁矿	1.4～14.2	5.6
黄铁矿	0.7～25.7	9.4
重晶石	1.6～7.9	3.2

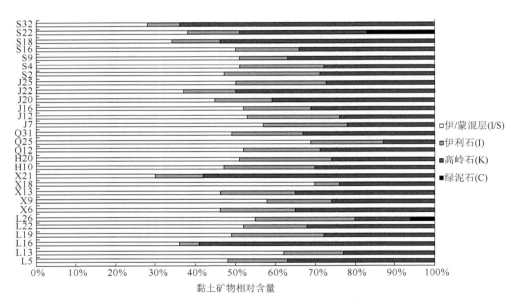

图 4-26　沁水盆地泥页岩黏土矿物含量

就区域而言，黏土矿物含量在区域内相差不大，潞安、襄垣等地相对较低，平均值为 50%，襄垣地区最小，平均 45.2%，晋城及胡底南地区相对较高，平均为 53.2%，中西部沁源地区平均为 52.7%，位于盆地南部的横水地区最高，平均值可达 59.4%。石英含量在东南地区相对较高，平均为 36.9%，东部地区平均为 32.8%，其中，潞安地区最低，为 31.2%，而石英含量最低值（20.6%）和最高值（59%）出现在横水的第Ⅳ和第Ⅲ层段，由此可见本地区沉积环境变化较大。

　　通过四个层段泥页岩矿物组分分析可知，第Ⅰ层段泥页岩矿物成分主要为黏土矿物和石英，其中黏土矿物含量介于 42%～62%，石英含量介于 28%～42%，其余矿物如长石、碳酸盐岩及重晶石并非所有样品都含有，所选的样品中均不含黄铁矿（图 4-27）。第Ⅱ层段和第Ⅲ层段泥页岩的矿物组成及其含量较为相似，其中黏土矿物含量平均值高于 50%，石英含量位于 30% 左右，其余矿物含量较小，但各种组分在大部分页岩样品中均含有（图 4-28，图 4-29）。第Ⅳ层段泥页岩矿物成分变化较大，黏土矿物含量介于 40%～82%，石英含量介于 5%～30%，且每个样品所含矿物种类都不相同（图 4-30）。

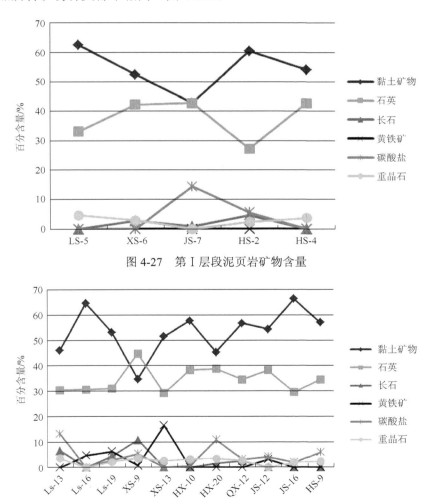

图 4-27　第Ⅰ层段泥页岩矿物含量

图 4-28　第Ⅱ层段泥页岩矿物含量

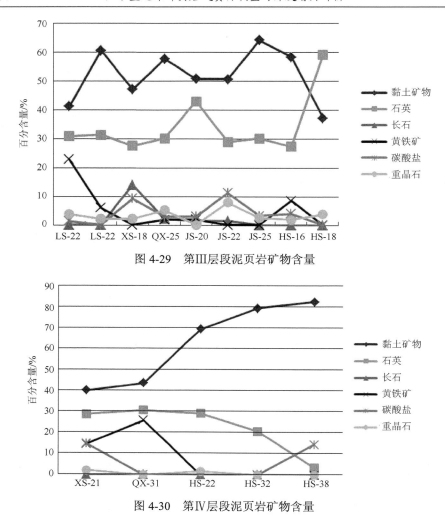

图4-29　第Ⅲ层段泥页岩矿物含量

图4-30　第Ⅳ层段泥页岩矿物含量

　　对比各个层段泥页岩的矿物组成，黏土矿物平均含量基本相同，但第Ⅳ层段的石英平均含量要低于其他三个层段，并且基本不含长石矿物，但是石英、长石等脆性矿物有助于压裂形成人工裂缝，相比之下，第Ⅰ、第Ⅱ、第Ⅲ层段脆性矿物含量较为相似，第Ⅳ层段泥页岩比起其他三段不利于后期压裂。

三、岩石脆性

　　页岩气储层的岩石力学性质对页岩气的压裂开发具有重要影响，岩石的力学性质决定了岩石的脆性。由于页岩气具有自生自储、低孔低渗的特点，压裂效果的优劣极大地影响着页岩气开发的产能和实效。页岩储层的脆性越高，则越容易形成网络型的裂缝，也就造成了更高的页岩气产能；而脆性越差，岩石的塑性特征越明显，压裂时会吸收更多的能量，岩石易形成简单形态的裂缝，压裂的效果受到不利影响。

现有的储层脆性评价中，一般以矿物成分和微观结构为研究重点，尤其是脆性矿物含量。页岩储层中的脆性矿物主要包括石英和长石等，其类型、在页岩矿物中的组合特征及其含量对页岩气储集空间、页岩气赋存以及开发过程中的储层改造具有重要的作用，因此脆性矿物是页岩气储层评价的重要指标之一。

本次评价采用基于矿物组分的评价指标进行，即脆性指标为：石英+长石+黄铁矿/总矿物，如式（4-1）所示。

$$BI = (W_{Qtz} + W_{Feld} + W_{Fes}) / W_{Total} \times 100\% \qquad (4-1)$$

式中，BI 表示为脆性系数；W_{Qtz} 为石英含量；W_{Feld} 为长石含量；W_{Fes} 为黄铁矿含量；W_{Total} 为页岩中矿物总含量，除石英和长石外，还包括黏土矿物、碳酸盐及其他。

由 X 射线衍射实验可知，沁水盆地上古生界四套泥页岩矿物成分中黏土矿物含量最高，其次为石英，主要介于 25%～45%，钾长石、斜长石、方解石、白云岩、菱铁矿及黄铁矿均有发育，根据式（4-1）计算出沁水盆地各层段泥页岩脆性系数，其分布如图 4-31 所示。

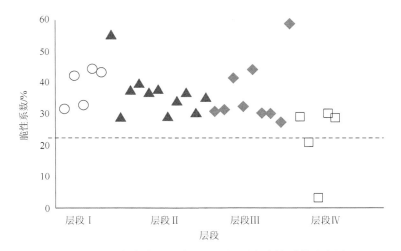

图 4-31　沁水盆地上古生界四段泥页岩脆性系数分布图

研究表明，四段泥页岩的脆性系数大部分均位于 30%以上，仅第Ⅳ层段两个样品指示出其脆性矿物含量甚少。对比美国 Barnett 页岩及我国南方地区泥页岩等地的脆性矿物，沁水盆地页岩储层脆度相对略小，但高于页岩气开采储层脆度下限。

第八节　页岩孔裂隙发育特征

泥页岩储层孔隙是页岩气的重要储集空间，孔容、孔比表面积的大小是判断储气空间的重要参数。孔隙的形态特征决定了单孔之间的连通性，它决定了储气场所和气体运移通道之间的联系。储层裂缝是页岩气运移的重要通道，它既是连通孔隙、解吸气流的重要通道，也是游离气的重要储藏空间。

一、孔隙特征

本次研究主要通过压汞和低温液氮实验，对沁水盆地石炭—二叠系泥页岩孔裂隙进行定量实验分析，实验结果见表4-9。

（一）压汞实验及结果分析

页岩中孔隙空间可以分为有效孔隙空间和孤立孔隙空间两个部分，前者为气、液体能进入的孔隙，后者则为全封闭性的"死孔"，孔隙测试对页岩含气性评价作用重大。按照孔隙直径大小，可将页岩孔隙分为大孔（孔径1000~10000nm）、中孔（孔径100~1000nm）、过渡孔（孔径10~100nm）、微孔（孔径<10nm）等类。此次压汞实验测试孔径下限为3.75nm，基本上能够反映孔径大于3.75nm的孔裂隙的孔容、孔隙类型与分布、孔径结构等特征，但无法实现对孔径小于3.75nm的孔隙的分析与描述。

本次实验对研究区上古生界暗色泥页岩样进行测试，测试结果如表4-9所示。

沁水盆地晚古生代泥页岩总孔容总体稳定，但孔容值不大，绝大部分总孔容都分布在0.005~0.01ml/g，平均值为0.009ml/g（图4-32）。第Ⅰ层段泥页岩总孔容分布在0.0057~0.0242ml/g，平均值为0.0098ml/g；第Ⅱ层段泥页岩总孔容分布在0.0058~0.0172ml/g，平均值为0.0086ml/g；第Ⅲ层段泥页岩总孔容最大，介于0.0035~0.0356ml/g，平均可达0.0106ml/g；第Ⅳ层段泥页岩总孔容较小，分布范围在0.0029~0.0170ml/g，平均值为0.0058ml/g。

就各地区而言，西山、阳泉和阳城泥岩的总孔容相对较高（图4-33），是其他地区的2倍及以上，均值在0.015ml/g以上，而西山、阳泉均是野外露头样品，在0.02ml/g以上。而其他的深部钻孔样品总孔容均在0.007ml/g左右，盆地中心的横水地区1500m以深的总孔容均在0.005ml/g以下，平均仅为0.004ml/g，而1400m浅的泥页岩总孔容在0.0067ml/g左右。

由图4-34各地区泥页岩的阶段孔容总体分布特征可以看出，泥页岩的孔容分布具有"两头高中间低"的双峰式特征，泥页岩孔隙多为小孔（10nm~0.1μm）、微孔（<10nm）和超大孔（>10μm），而过渡孔（0.1μm~1μm）和大孔（1μm~10μm）较少。

表4-9　沁水盆地压汞实验测试结果表

样品编号	层段	中孔直径/nm	总孔隙表面积/(m²/g)	孔隙度/%	样品编号	层段	中孔直径/nm	总孔隙表面积/(m²/g)	孔隙度/%
HS-2	I	20.2	2.102	1.3874	HS-4	I	13.9	2.921	1.7032
HS-16	III	7895.7	0.965	1.1467	HS-18	III	76059.4	0.051	0.755
HS-22	IV	40922.4	0.911	0.9723	HS-32	IV	2319.4	0.162	0.6328
HS-38	IV	64186.3	0.139	0.8393	LS-5	I	22.4	3.242	1.9674
LS-13	II	67.9	1.515	1.2829	LS-19	II	18	2.038	1.3001
LS-22	III	118.8	2.006	1.6093	QX-12	II	24.9	1.678	11.2782
QX-25	III	13.6	3.197	1.7417	QX-31	IV	26.2	1.553	1.1665
XS-6	I	13	2.392	1.319	XS-9	II	18.3	2.649	1.8081
XS-13	II	14.8	2.583	1.4503	XS-18	III	7.9	6.028	2.4084
XS-21	IV	16.4	2.343	1.4047	JS-7	I	13.0	2.749	1.6081
JS-12	II	16.7	2.349	1.6411	JS-20	III	34493.2	1.515	1.4126
JS-22	III	191.1	2.378	1.8814	JS-25	III	185.4	1.327	1.1875
HX-4	I	11.7	3.771	1.8967	HX-10	II	35.8	1.797	1.4596
HX-20	II	16.4	2.343	1.4047	SJ-9	I	14.6	2.472	1.3559
SJ-13	I	20.0	3.123	1.8268	SJ-22	II	10.8	3.587	1.7305
SJ-29	II	11.1	3.542	1.7605	SJ-42	III	14.7	2.289	1.2625
SJ-48	III	11.4	3.259	1.5989	XQ-14	III	7.1	15.730	5.3831
XQ-22	II	9.8	7.954	3.4622	YB-19	I	48.4	4.827	4.4010
YB-24	II	38.1	1.959	1.6609	YB-29	III	16051.9	1.433	4.3035
YS-14	III	20.0	9.785	7.2655	YS-41	I	200.0	3.573	4.8536
YT-7	I	101.7	1.821	1.8699	YT-18	II	39.6	1.560	1.3254

续表

样品编号	层段	中孔直径/nm	总孔隙表面积/(m²/g)	孔隙度/%	样品编号	层段	中孔直径/nm	总孔隙表面积/(m²/g)	孔隙度/%
YT-26	II	14.1	2.885	1.5217	YT-37	IV	33.0	0.996	0.6599
QXY-2	IV	31.0	1.710	1.3084	QXY-17	I	15.7	2.380	1.3796
BC-4	I	18.1	2.438	1.7016	BC-7	I	30.9	1.971	1.4738
BC-9	I	132.0	1.539	1.2352	BC-11	I	22.2	2.690	1.7237
BC-22	II	498.8	2.310	1.9706	BC-25	III	23.1	2.002	1.4467
BC-32	III	28.8	1.931	1.3521	BC-33	III	600.8	1.827	1.4220
BC-39	IV	97.8	2.081	1.5642	HSM-5	I	11.2	3.297	1.8435
HSM-10	I	17.9	2.652	1.5138	HSM-14	I	55.6	1.566	2.3809
HSM-24	II	24.6	2.484	1.7248	HSM-29	II	13.9	3.702	2.1275
HSM-37	III	12.0	3.587	1.8595	HSM-39	III	10.6	12.504	3.9914
HSM-58	IV	7596.1	0.634	1.4822	SH-1	I	10.1	6.592	3.2857
SH-13	II	9.3	5.708	2.5474	SH-20	II	10.0	5.456	2.7420
SH-32	III	1344.5	2.037	1.5127	SH-35	III	305.4	2.147	1.3906
SH-45	IV	10.1	7.290	3.5808	ST-7	I	10.3	4.857	2.4775
ST-14	II	9.9	3.997	1.8586	ST-15	II	9.6	5.845	2.8492
ST-23	III	12.8	3.791	1.8917	ST-26	III	12.3	3.465	1.8649
ST-28	III	31.2	2.357	1.6087	ST-31	IV	624.6	0.467	0.8253
XZ-8	I	14.5	3.523	2.3427	XZ-18	II	11.4	2.995	1.8269
XZ-39	II	20.5	2.049	1.3914	XZ-45	III	7.7	5.208	2.1381
XZ-49	III	32.0	2.442	1.6053	XZ-53	IV	42.7	1.635	1.0029

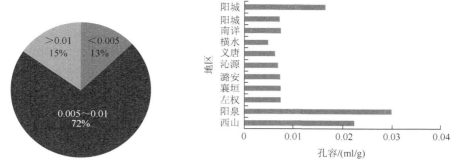

图 4-32 晚古生代泥页岩总孔容分布 图 4-33 各地区泥页岩总孔容分布特征

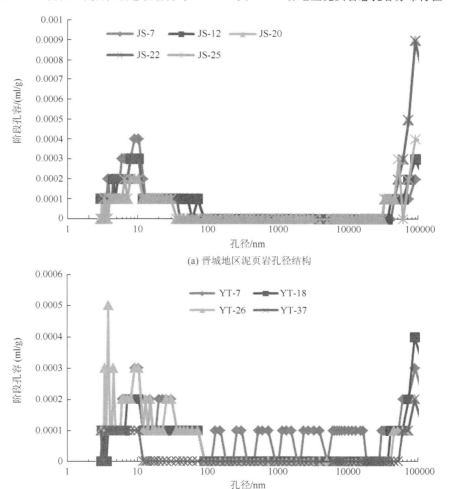

(a) 晋城地区泥页岩孔径结构

(b) 义唐泥页岩孔径结构

图 4-34 各地区页岩储层孔隙孔容-孔径分布特征（见彩图）

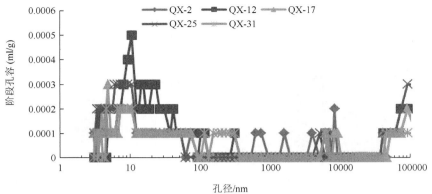

(c) 沁源新章泥页岩孔径结构

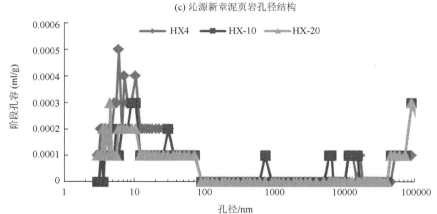

(d) 胡底南详泥页岩孔径结构

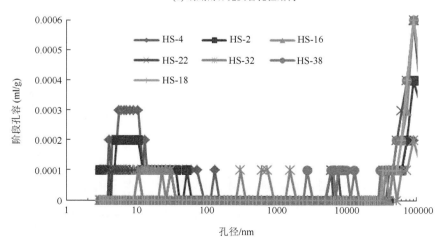

(e) 横水泥页岩孔径结构

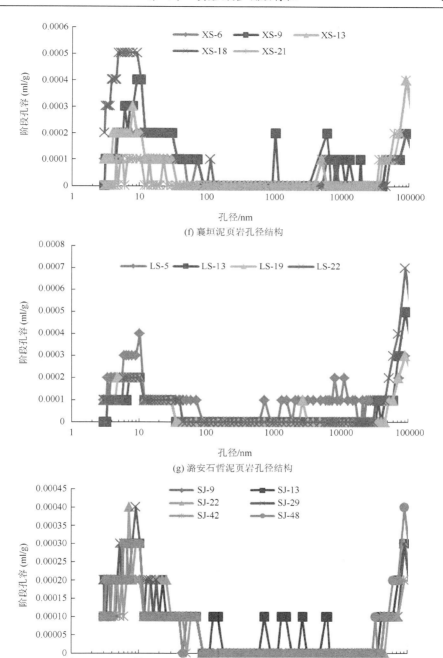

(f) 襄垣泥页岩孔径结构

(g) 潞安石哲泥页岩孔径结构

(h) 左权苏家坡泥页岩孔径结构

图 4-34（续）

对比钻孔样品和浅部样品能看出，钻孔样品的这种特征更明显，浅部样品多以小孔和微孔为主，除阳泉 YS-14 号砂质页岩样品外，其余样品页岩微孔孔径主要集中在 5~9nm，而该样品微孔孔径集中在 11~13nm，这可能是由于砂质页岩中自生矿物较多，更容易造成石英溶蚀，且自生矿物间的孔与细粒泥质岩相比，孔径相对较大。从阳城通义钻孔可以看出（YB-19，24，29 号样品），随着埋深的增加，泥岩孔隙由以微孔、小孔为主逐渐向以超大孔为主转变，野外露头泥页岩则多以微孔和小孔为主（图 4-35）。

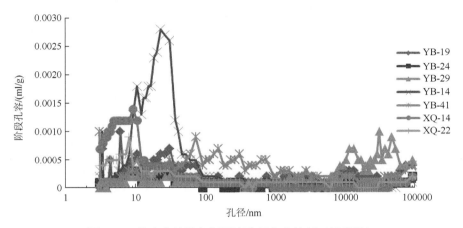

图 4-35　沁水盆地浅部泥页岩孔径分布特征（见彩图）

泥页岩孔隙度一般为 1.0%~2.0%，孔隙度的变化和总孔容、总孔比表面积的变化是一致的。泥页岩的孔隙度普遍不高。近地表泥页岩的孔隙度较高，基本在 2.0% 以上，1500m 以深基本低于 1.0%，且第Ⅳ层段泥页岩孔隙度比第Ⅰ、第Ⅱ及第Ⅲ层段的泥页岩小（图 4-36）。泥页岩总孔比表面积一般介于 $1.5~3.0 m^2/g$，并且露头及近地表泥页岩的总孔比表面积要比深部钻孔泥页岩的要高，以推测近地表泥页岩总孔比表面积比深部钻孔的大，盆地中心部位，尤其是 1500m 以深泥页岩的总孔比表面积比盆地周缘的要低（图 4-37）。

（二）低温液氮实验及结果分析

为了进一步研究沁水盆地上古生界泥页岩的孔隙大小分布特征，开展了孔隙大小精确度可达到 0.35nm 的低温液氮实验。实验运用美国 Quantachrome 公司生产的 Autosorb-1 型比表面积孔径测定仪，测试结果见表 4-10 和图 4-38。

实验结果表明，沁水盆地上古生界泥页岩具有很小的孔隙直径，孔隙直径主要介于 8~16nm，最大可达 34.55nm，其中第Ⅰ层段泥页岩孔径平均为 10.23nm，第Ⅱ层段约为 9.23nm，而第Ⅲ和第Ⅳ层段泥页岩孔隙直径相对较小，平均为 6.96~

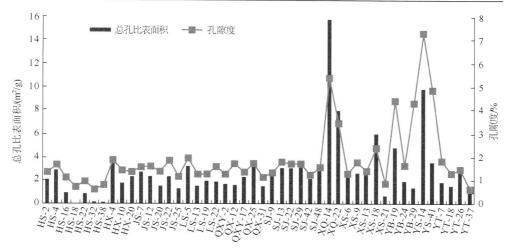

图 4-36　沁水盆地晚古生代泥页岩总孔比表面积及孔隙度

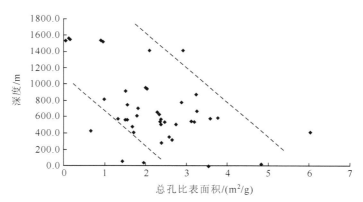

图 4-37　沁水盆地晚古生代泥页岩总孔比表面积与埋深的关系

9.99nm 左右，泥页岩总孔比表面积平均为 9.39m²/g。对比南方海相筇竹寺组和龙马溪组两套页岩液氮测试的孔隙孔径可知，沁水盆地海陆相泥页岩孔隙直径普遍大于南方海相页岩，筇竹寺组页岩的孔隙直径平均为 7.1685nm，龙马溪组平均仅为 4.898nm，进一步说明沁水盆地泥页岩有利于页岩气的赋存和运移。

基于对吸附-凝聚理论分析，对具有微孔的固体，其试验得的吸附等温线和脱附等温线会呈现两种状态：分离和重叠，分离时便形成了吸附回线。由页岩吸附-脱附曲线可知，沁水盆地上古生界泥页岩低温液氮吸附等温线均呈现"板状环"，也反映出石炭—二叠系泥页岩的孔隙以微孔（小于 50nm）为主。

通过扫描电镜及氩离子抛光观察镜下泥页岩孔隙发育特征及其连通性，沁水盆地上古生界泥页岩主要发育有机质孔、粒内孔（脆性矿物、黏土矿物）、粒内溶蚀孔、黄铁矿晶间孔和粒间孔等类型。

表4-10 泥页岩低温液氮实验结果表

样品号	层段	总比表面积/(m²/g)	孔体积/(cm³/g)	平均孔径/nm	样品号	层段	总比表面积/(m²/g)	孔体积/(cm³/g)	平均孔径/nm
HX-10	II	9.006	0.02255	10.02	BC-4	I	3.1799	0.009361	12.02
HX-20	II	11.25	0.0329	11.7	BC-6	I	2.7982	0.008226	12.14
HS-2	I	9.032	0.01815	8.037	BC-7	I	2.7484	0.007662	11.46
HS-4	I	8.11	0.02427	11.97	BC-9	I	4.6655	0.006662	6.42
HS-16	III	8.6	0.02032	9.451	BC-10	I	4.9830	0.007855	6.98
HS-18	III	8.411	0.01953	9.29	BC-18	II	6.9374	0.013107	8.09
HS-22	IV	22.21	0.03179	5.725	BC-22	II	3.5686	0.004810	6.29
HS-32	IV	3.661	0.01313	14.35	BC-25	III	3.1109	0.006791	9.29
HS-38	IV	15.93	0.03439	8.638	BC-28	III	11.6385	0.011742	4.9
LS-5	I	9.567	0.03464	14.48	BC-32	III	6.9967	0.009972	6.42
LS-13	II	8.626	0.02257	10.47	BC-33	III	4.9991	0.010504	8.68
LS-19	II	7.63	0.01526	7.998	BC-39	IV	5.3439	0.009399	7.64
LS-22	III	12.45	0.02576	8.275	HSM-5	I	8.7589	0.012319	6.4
QX-12	II	5.733	0.02256	15.74	HSM-6	I	3.2278	0.008266	10.61
QX-25	III	12.27	0.02564	8.36	HSM-14	I	1.2182	0.006797	22.28
QX-31	IV	2.052	0.01773	34.55	HSM-20	II	4.8417	0.007792	7.18
JS-7	I	6.559	0.02606	15.89	HSM-24	II	4.9557	0.009752	8.4
JS-12	II	8.866	0.02024	9.132	HSM-26	II	1.3605	0.004991	14.86
JS-20	III	9.65	0.02081	8.626	HSM-37	III	8.6582	0.013488	6.91

续表

样品号	层段	总比表面积/(m²/g)	孔体积/(cm³/g)	平均孔径/nm	样品号	层段	总比表面积/(m²/g)	孔体积/(cm³/g)	平均孔径/nm
JS-22	III	16.82	0.03177	7.556	HSM-39	III	0.8315	0.000939	6.13
JS-25	III	11.54	0.02559	8.87	HSM-51	IV	4.1892	0.009651	9.51
XS-6	I	7.874	0.02191	11.13	HSM-58	IV	5.3209	0.005721	5.12
XS-9	II	6.551	0.01941	11.85	SH-1	I	9.1787	0.015928	7.66
XS-13	II	3.573	0.01417	16.02	SH-3	I	6.1260	0.011254	7.91
XS-21	IV	8.792	0.01894	8.618	SH-11	I	13.1534	0.017664	6.14
SH-13	II	13.7221	0.017322	5.83	SH-20	II	6.4204	0.012764	8.53
SH-25	II	4.3435	0.010568	10.07	SH-32	III	12.2133	0.010404	4.13
SH-35	III	14.0972	0.012797	4.35	SH-45	IV	8.4845	0.016668	8.36
ST-2	I	5.1752	0.011696	9.64	ST-7	I	8.0299	0.014065	7.81
ST-9	II	12.5925	0.013235	5.25	ST-14	II	9.2331	0.013532	6.73
ST-20	III	9.7093	0.016491	7.47	ST-23	III	6.5955	0.011858	7.95
ST-26	III	18.5119	0.013355	4.44	ST-28	III	16.7688	0.010873	3.87
XZ-4	I	6.3720	0.011869	8.06	XZ-8	I	7.2031	0.012364	7.59
XZ-18	II	7.6720	0.012901	7.35	XZ-24	II	7.0738	0.010685	6.76
XZ-39	II	10.7563	0.013319	5.47	XZ-45	III	19.5072	0.021043	4.96
XZ-49	III	8.8251	0.012536	6.23	XZ-53	IV	23.4366	0.011168	3.0
XZ-58	IV	8.1409	0.007323	4.38					

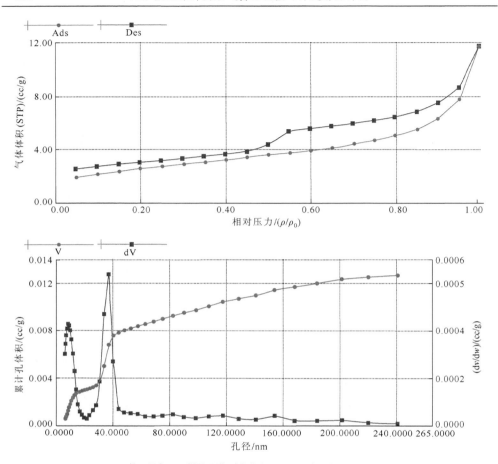

(a) 第Ⅰ层段HS-2样品吸附-脱附曲线和 DFT方法孔隙尺寸分布

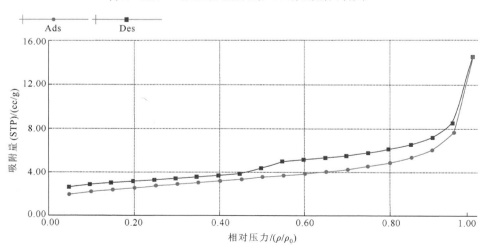

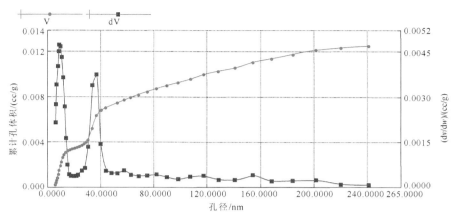

(b) 第Ⅱ层段HX-10样品吸附-脱附曲线和 DFT方法孔隙尺寸分布

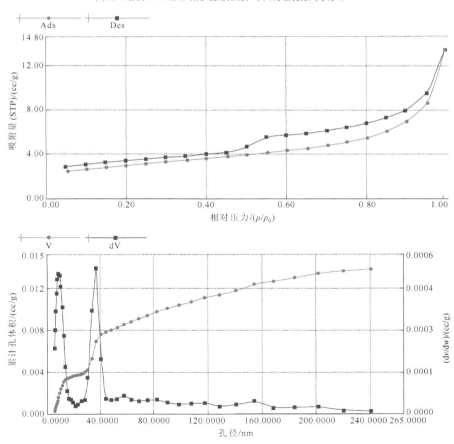

(c) 第Ⅲ层段JS-20样品吸附-脱附曲线和 DFT方法孔隙尺寸分布

图 4-38　样品吸附-脱附曲线和 DFT 方法孔隙尺寸分布

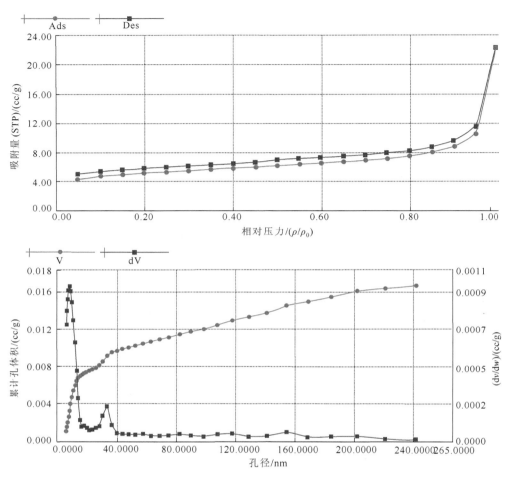

(d) 第Ⅳ层段HS-38样品吸附-脱附曲线和 DFT方法孔隙尺寸分布

图 4-38（续）

1. 有机质孔

主要为有机质在热演化过程中收缩和产生气体排出时产生，干酪根的分布是此类孔隙发育的物质基础。页岩中有机质孔常常密集分布，孔隙多为 μm 或 nm 级，是页岩气存储中贡献最大的孔隙。有机质孔的观察主要采用氩离子抛光技术，孔隙直径一般小于 1μm（图 4-39（a））。

2. 粒内孔

粒内孔发育在颗粒的内部，大多数是成岩改造形成的（图 4-39（b）～（e）），部分是原生的，主要包括：①由颗粒部分或全部溶解形成的铸模孔；②保存于化石内部的孔隙；③草莓状黄铁矿结核内晶体之间的孔隙；④黏土和云母矿物颗粒内的解理面孔。

3. 粒内溶蚀孔

在酸性水介质条件下，碳酸盐岩矿物易发生溶蚀作用而形成的孔隙类型，以长石及方解石溶蚀孔最为常见。其特点是发育在颗粒内部，数量众多，呈蜂窝状或分散状。上古生界泥页岩中的石英颗粒形成的溶蚀内孔较多（图4-39（f））。

4. 晶间孔

一般形成于重结晶作用过程中，孔隙比较规则，形状受矿物结晶习性制约，常呈网格状、长条状、叶片状与缝隙状。研究区黑色页岩黄铁矿晶间孔较为发育，孔径一般1～10μm，或者更小（图4-39（g），（h））。

5. 粒间孔

页岩在沉积成岩过程中发育在矿物颗粒之间的孔隙类型（图4-39（i）～（l）），分散于黑色页岩片状黏土、粉砂质颗粒间，在成岩作用较弱或浅埋的地层中较常见，与上覆地层压力和成岩作用有关，通常形状不规则、连通性较好，可以相互之间形成连通的孔喉网络，受埋深变化影响较大，随埋深增加而迅速减少。

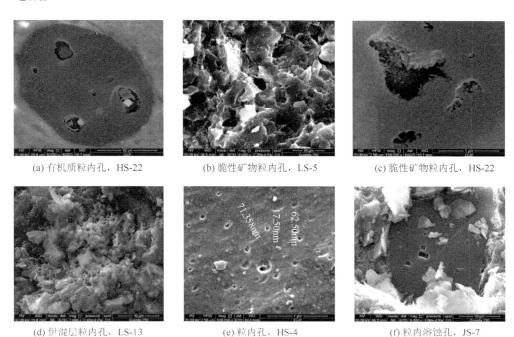

(a) 有机质粒内孔，HS-22　　(b) 脆性矿物粒内孔，LS-5　　(c) 脆性矿物粒内孔，HS-22

(d) 伊混层粒内孔，LS-13　　(e) 粒内孔，HS-4　　(f) 粒内溶蚀孔，JS-7

图4-39　氩离子抛光/扫面电镜下的孔隙类型

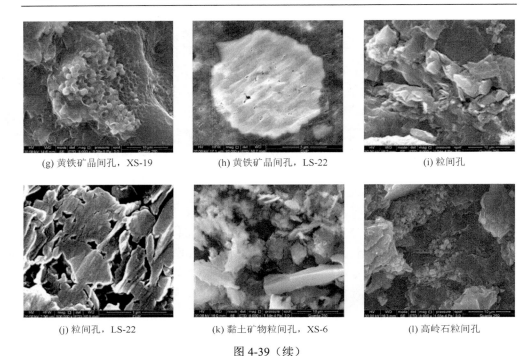

(g) 黄铁矿晶间孔，XS-19　　　(h) 黄铁矿晶间孔，LS-22　　　(i) 粒间孔

(j) 粒间孔，LS-22　　　(k) 黏土矿物粒间孔，XS-6　　　(l) 高岭石粒间孔

图 4-39（续）

二、裂缝特征

裂缝既可为页岩气提供聚集空间，也可为页岩气的生产提供运移通道。泥页岩作为一种低孔低渗储层，页岩气生产机制非常复杂，涉及吸附气含量与游离气含量、天然微裂缝与压裂诱导缝系统之间的相互关系。裂缝的发育程度和规模是影响页岩含气量和页岩气聚集的主要因素，决定着页岩渗透率的大小，控制着页岩的连通程度，进一步控制着气体的流动速度、气藏的产能。裂缝还决定着页岩气藏的保存条件，裂缝比较发育的地区，页岩气藏的保存条件可能差些，天然气易散失、难聚集、难形成页岩气藏；反之，则有利于页岩气藏的形成。

从裂缝的成因来判断，裂缝主要受构造、沉积成岩和溶蚀作用的控制，此外，有机质演化也具有一定的贡献（表 4-11）。按照力学性质进行分类，裂缝可分为张性裂缝、剪性裂缝、张剪性裂缝和压剪性裂缝，一般压性裂缝很少见。本次野外工作观测的裂缝大部分为剪性裂缝，部分张性裂缝。

为了揭示研究区裂缝的发育特征和规律，以及构造对裂缝发育的控制，研究工作主要对处于不同构造部位及不同性质地质构造的太原组地层中不同岩性和不同厚度的岩层或煤层进行了节理产状及线密度、长度、张开度的测量（表 4-12），划分裂隙规模（表 4-13），并进行了定向样的采集，研究微观裂隙的发育特征。宏观裂缝将从裂缝的密度、几何形态、充填特征、开启程度、延伸长度6个参数进行分析；微观裂隙则从裂隙的优势发育方位、密度、充填性、壁距及延伸长度等几个参数进行分析。

表 4-11 裂缝的成因类型分类（据龙腾飞等，2011）

裂缝类型	主控地质因素
构造缝	构造作用形成或与其相伴生的裂缝
层间页理缝	沉积成岩作用、构造作用所形成的平行层理纹层面间的裂缝
层间滑移缝	构造作用、沉积成岩作用所形成的平行于层面且具明显滑移痕迹的裂缝
成岩收缩微裂缝	成岩过程中岩石体积减小而形成的与层面近于平行的裂缝
有机质演化异常压力缝	有机质演化局部压力作用促使岩石破裂
溶蚀裂缝	地层中的液体溶蚀形成的裂缝

表 4-12 泥页岩储层宏观裂缝基本参数分类

名称	定义	类别	划分标准
产状	裂缝的走向、倾向和倾角	水平缝	倾角为 $0°\sim15°$
		低角度斜角缝	倾角为 $15°\sim45°$
		高角度斜角缝	倾角为 $45°\sim75°$
		垂直缝	倾角为 $75°\sim90°$
密度	裂缝的发育程度	线性裂缝密度	n/L^{*}
		面积裂缝密度	L'/S^{*}
		体积裂缝密度	S'/V^{*}
充填情况	裂缝被杂质、胶结物充填程度	未充填	基本无填充物
		半充填缝	有部分填充物
		完全充填缝	裂缝被完全填充
张开度	裂缝壁之间的距离	从几微米到几毫米不等	一般小于 100mm
长度	裂缝的水平延伸	从几厘米至几米，甚至数十米、数千米	数米以内
高度	裂缝在剖面上的垂向延伸及其与岩层的关系	穿层裂缝	切穿若干岩层
		层内裂缝	局限于单层内

*n 为某长度内与直线相交的裂缝条数，L 为直线长度（m）；L'为裂缝总长度（m），S 为测量面积（m²）；S' 为裂缝总表面积（m²），V 为裂缝总体积（m³）

表 4-13 页岩气储层裂缝规模划分（据聂海宽等，2011）

T 裂缝类型	特征
巨型裂缝	宽度：>1mm；长度：>10m
大型裂缝	宽度：毫米级；长度：$1\sim10$m
中型裂缝	宽度：$0.1\sim1$mm；长度：$0.1\sim1$m
小型裂缝	宽度：$0.01\sim0.1$mm；长度：$0.01\sim0.1$m
微型裂缝	宽度：<0.01mm；长度：<0.01m

（一）宏观裂隙特征

1. 裂隙的几何形态

　　裂隙的几何形态包括裂缝的走向、倾向和倾角。裂缝的走向反映了裂缝的区域展布特征，裂缝的倾角反映了裂缝的空间分布特征。裂缝的几何形态特征对于储层中裂缝网络的构建具有关键意义。裂缝的几何形态受构造应力场、构造特征、岩性、层厚的影响。本次野外裂缝观测以沁南地区为重点调查区，以揭示不同构造性质和构造部位的泥岩和砂岩中裂隙的发育规律（图4-40）。

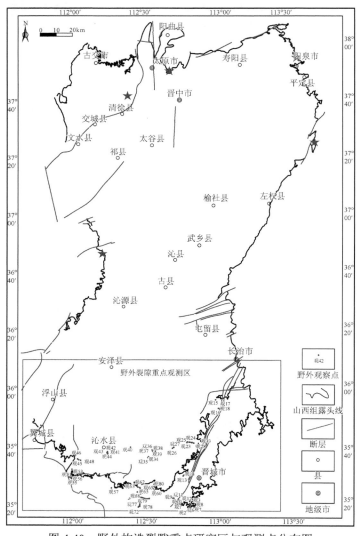

图 4-40　野外构造裂隙重点研究区与观测点分布图

1）走向

通过对沁水盆地 15 个地点 49 个观测点的节理数据的统计分析，研究区内裂缝的走向离散性较强（图 4-41），这不仅受不同地质构造的影响，也受岩性的影响。在研究区内观测的泥岩中，裂缝走向也具有一定的离散性，总体以 NE、NNW、NW 方向为主，依次为 50°～70°、310°～330°、340°～350°（图 4-42）。砂岩的裂缝走向离散性较大，总体上以 NE、NEE 为主，介于 50°～90°，其次为 NW、NWW，介于 270°～300°、340°～350°（图 4-43）。灰岩裂缝的走向方向性比较集中，主要介于 50°～70°，其次介于 330°～350°（图 4-44）。煤层中裂缝波动性也较大，依次分布在四个区间：40°～50°、270°～290°、310°～320°、0°～20°。

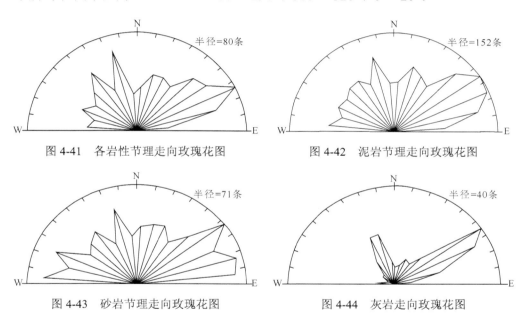

图 4-41　各岩性节理走向玫瑰花图　　　　　图 4-42　泥岩节理走向玫瑰花图

图 4-43　砂岩节理走向玫瑰花图　　　　　　图 4-44　灰岩走向玫瑰花图

总体而言，除灰岩中裂缝走向分布较为集中（图 4-44）外，其余岩性中裂缝走向分布离散性均较强，但整体集中于 40°～80°比较明显，其次 340°～350°、10°～30°区间内裂缝走向也较为集中。

2）倾角

裂缝的倾角对于裂缝网络的构建具有重要的影响。同一地层在多期次构造应力场的作用下形成多个方向的裂缝，形成平面的裂缝网络，这种情况下，大倾角裂缝对纵向上裂缝网络的构建起着桥接作用。

野外裂缝数据统计发现，在研究区内裂缝以垂直裂缝和高角度裂缝为主（图 4-45），其中垂直裂缝占 60.6%，高角度裂缝占 35.5%，二者共占 96.1%，水平裂缝仅占 0.2%，可以忽略不计。

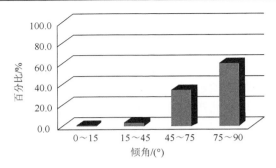

图 4-45 研究区裂缝倾角分布图

对比不同岩性中裂缝的倾角可以发现，泥岩中裂缝倾角相对较缓（图 4-46），垂直裂缝比例与高倾角裂缝比例相差不大，分别为 50.1%、41.1%，低倾角裂缝与水平裂缝分别占 8.2%、0.5%。虽然泥岩中有部分低倾角和水平裂缝发育，但垂直和高倾角裂缝仍占绝对优势，其对页岩气储层裂缝网络的构建具有非常积极的意义。

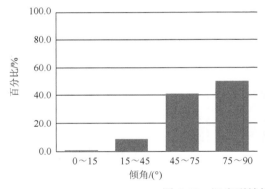

图 4-46 泥岩裂缝倾角分布图

砂岩、灰岩和煤层中裂缝都以垂直裂缝主导，比例均在 60%以上，几乎无水平裂缝，低倾角裂缝也极少发育（图 4-47、图 4-48、图 4-49）。

2. 宏观裂隙发育密度

裂缝发育密度是页岩气储层重要的评价参数，体现了裂隙发育的密集程度，间接地反映了裂缝之间的间距，是裂缝网络的重要组成，直接影响流体的渗透性。裂缝发育密度可以用线密度、面密度或体密度来进行衡量。

线密度是指单位法线方向上单位长度内裂缝条数（条/m），面密度指单位露头面积内裂缝的总长度（m/m²），体密度指某测量体积内所有裂缝表面积之和与测量体体积之比（m²/m³）。本次研究的野外工作主要是对裂缝的线密度进行了大量而详细的测量。

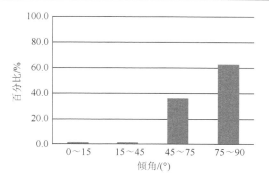

图 4-47　砂岩裂缝倾角分布图

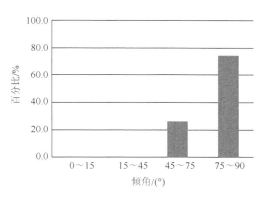

图 4-48　灰岩裂缝倾角分布图

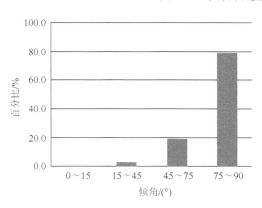

图 4-49　煤层裂缝倾角分布图

　　裂缝的密度与岩层的岩性、厚度、构造部位有着密切的关系。不同的岩性可能会由于单层岩层层厚、砂泥互层厚度比导致裂缝发育密度、岩石变形特征也具有明显的差异性。野外观测的泥岩基本为层理致密的薄层状或透镜状（图 4-50），受风化后呈扁透镜状，除构造对其裂缝影响大外，泥岩的总厚度对构造裂缝的发育影响也很大。

图 4-50　薄层状和透镜状泥岩

1）裂缝密度与岩性的关系

从全区统计的 108 条构造裂缝线密度可以发现，在不同的岩性中，裂缝线密度的分布特征差异性较大（图 4-51）。裂缝线密度在泥岩、砂岩、灰岩中分布依次逐渐减小（图 4-52）。

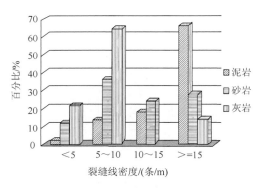

图 4-51　构造裂缝发育密度分布图

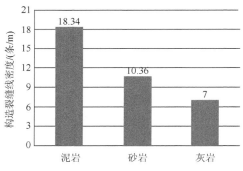

图 4-52　不同岩性中构造裂缝密度分布图

在不同岩性中，构造裂缝的密度分布也有较大的差异，泥岩中裂缝密度有 65.9%在 15 条以上，最高可达 45 条/m（图 4-53），随着裂缝密度的降低，分布数量也呈较为迅速的下降趋势；砂岩中，裂缝密度为 5～10 条/m 的较多，在 10 条以上也有较多的分布，占比例达 52%，而小于 5 条/m 的分布较少；灰岩中裂缝密度多数在 10 条/m 以下，所占比例在 80%以上，而在构造较为复杂地区，作为脆性岩石，容易形成构造裂缝。野外观测的煤层中裂缝发育密度大，几乎全为层内裂缝，裂缝密度基本在 100 条/m 以上，从井下采的新鲜煤样中裂缝密度也很高（图 4-54）。

图 4-53　泥岩中构造裂缝　　　　　　　图 4-54　沁水南尧都 15#煤中裂缝

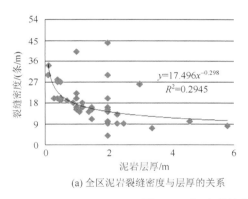
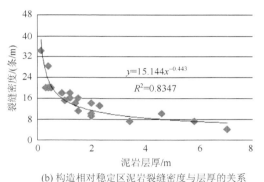

(a) 全区泥岩裂缝密度与层厚的关系　　　　(b) 构造相对稳定区泥岩裂缝密度与层厚的关系

图 4-55　泥岩裂缝发育密度与层厚之间关系

2）裂缝密度与层厚的关系

通过对研究区内不同岩性裂缝密度与相应岩性厚度的统计可以发现，裂缝发育密度与层厚之间具有负相关的关系，二者之间可以用指数方程进行拟合（图 4-55（a）、图 4-56（a）、图 4-57），泥岩拟合后的相关性系数不到 0.3，因个别层厚泥岩中裂隙密度差异大所造成；砂岩中相关性系数接近 0.6，相关性较明显；灰岩为 0.42，表明相关性一般。考虑到裂缝的发育程度除了岩性和层厚的影响，构造因素对裂缝发育的贡献率很大。为了研究裂缝密度与层厚两者之间的关系，排除构造因素（断层、褶皱）的干扰，研究工作选取构造相对稳定区的裂缝密度数据进行拟合和对比。

结果表明，拟合的相关性系数显著提高，泥岩中相关性系数约为 0.83（图 4-55（b）），砂岩中为 0.67（图 4-56（b）），泥岩和砂岩相关性系数提升幅度分别为 53%和 10%。由此可见，裂缝密度与岩层层厚有着较高的负相关关系。这也一定程度上证明了构造因素在裂缝发育的过程中起着重要的作用，尤其在泥岩中表现非常明显。太原组灰岩在构造平缓地区出露较少，在较平缓地区灰岩构造裂缝发育密度在 7～8 条/m，均为中厚层灰岩。

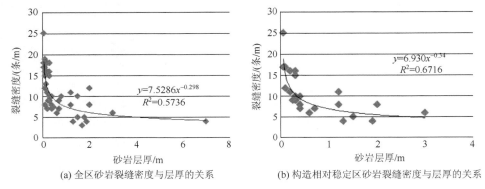

(a) 全区砂岩裂缝密度与层厚的关系　　(b) 构造相对稳定区砂岩裂缝密度与层厚的关系

图 4-56　泥岩裂缝发育密度与层厚之间关系

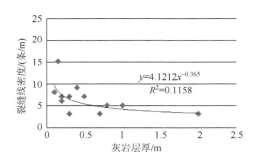 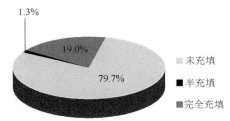

图 4-57　灰岩裂缝密度与层厚的关系　　图 4-58　研究区域裂缝充填特征分布图

3. 裂隙的开启及充填性

通过对野外资料的整理分析，沁水盆地裂缝多数为未充填的状态。本区的裂缝根据充填程度可以分为三类：未充填裂缝、半充填裂缝和充填裂缝。全区的裂缝充填程度统计结果表明：未充填裂缝占 79.7%，半充填裂缝占 1.3%，充填裂缝占 19%（图 4-58）。本区灰岩裂缝充填性较好。

充填裂缝中充填物基本为方解石和泥质。泥岩中以泥质充填物居多，基本沿着成岩和构造改造形成的裂缝风化形成，裂缝产状不稳定，低倾角和水平裂缝较多，在多个地区均可见（图 4-59（a））。少部分结构较完整的泥岩中充填物为方解石脉（图 4-60（a）），局部可见铁质充填（图 4-59（b））。砂岩中有方解石（图 4-61）和泥质充填，灰岩中基本以方解石为充填物（图 4-62），野外露头煤层中充填特征不明显。

(a) 泥质充填

(b) 铁质充填

图 4-59　泥岩中泥质充填和铁质充填

(a) 方解石脉

(b) 大型天然开启裂缝

图 4-60　泥岩中方解石脉和大型天然开启裂缝

图 4-61　砂岩充填性

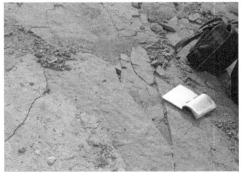

图 4-62　灰岩中完全充填的方解石脉

　　天然裂缝的充填特征对页岩气的储集、运移及开发具有重要、复杂的影响。从野外的统计数据分析，绝大部分天然裂缝为天然开启裂缝，它们的存在某种程度上极大地提高了页岩气的储集空间和渗透性。但是大型的天然开启裂缝（图 4-60（b））虽然提高了储层的局部渗透率，但是储层封闭性将会破坏，不利于页岩气的聚集；同样，在页岩气开采过程中，这类裂缝会对水力压裂生产中的压裂液大量吸收，降低了压裂产生的能量，阻碍了压裂缝的生成。

因充填物封闭页岩气储层裂缝，半充填或完全充填裂缝对气藏的储集性和渗透性基本没有贡献。但是其存在未必不是有利因素。裂缝中的充填物无法与岩壁岩石中的矿物颗粒形成连续的结晶体，对岩石的完整性造成了破坏，形成了一道力学薄弱面，是压裂过程中压裂液及其能量的传播通道，导致充填裂缝的恢复与重启，并由此提供了与井筒的相连的通道。

4. 宏观裂隙张开度

裂缝张开度（即宽度）是页岩气储层物性评价的基本参数之一，其大小对气体的运移和储集具有重要的影响。就宏观裂缝而言，裂缝张开度大对天然气成藏而言可能是不利的，它可能更多地会导致天然气的逸散。

不同的岩性，裂缝的张开度也略有不同。泥岩和砂岩的裂缝宽度分布特征与整体分布特征较为相似，都呈现"单峰式"的分布特征（图 4-63）。泥岩中裂缝宽度在 0.1～1mm 的略高于 62%，0.01～0.1mm 的占 17.3%，裂缝的宽度较整体岩层略微偏小（图 4-64）；砂岩中裂缝宽度在 0.1～1mm 的占 45.32%，0.01～0.1mm 的占 15.47%，1～2mm 的占 17.86%，2～5mm 的占 14.38%，砂岩的裂缝宽度较整体岩层略微偏大（图 4-65）。灰岩的裂缝宽度相对集中但较泥岩和砂岩而言相对均一，基本集中在 0.01～10mm（图 4-66）。野外观测过程中也能发现一些肉眼无法看清的剪裂缝。

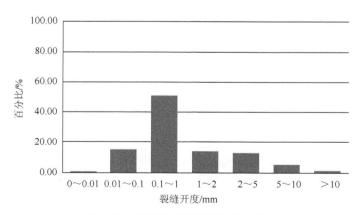

图 4-63　各岩性裂缝张开度分布特征

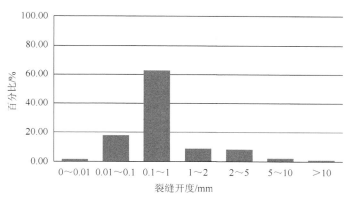

图 4-64　泥岩裂缝张开度分布特征

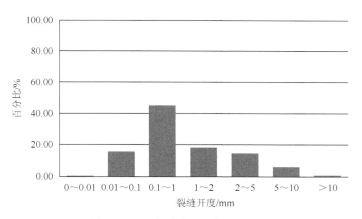

图 4-65　砂岩裂缝张开度分布特征

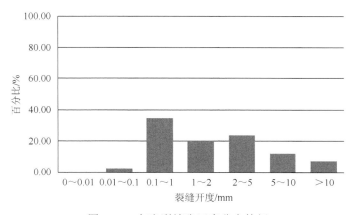

图 4-66　灰岩裂缝张开度分布特征

从野外宏观裂缝宽度的分布特征以及裂缝的充填特征可以发现，研究区裂缝大部分都是未充填、宽度小于1mm的裂缝，且充填裂缝多数分布于灰岩中，泥岩和砂岩中也有少数分布，但以未充填的占绝对优势。从野外观测数据可知：沁水盆地岩层裂缝特征是有利于天然气的储集和渗流的。

5. 裂隙长度

裂缝长度与密度决定了平面上裂缝网络的构建程度。裂缝长度越大，对于构建裂缝网络越有利。研究区各岩性裂缝长度统计结果显示（图4-67），各岩性中，裂缝长度以0～50cm为主，占75%以上，泥岩中裂缝长度低于20cm更是占50%以上。

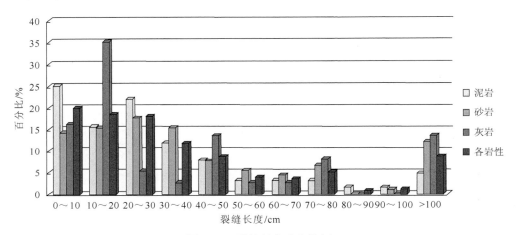

图 4-67　裂缝长度分布特征

另外，断层作为一种特殊的特大型裂缝，尤其是正断层，其对页岩气富集可能是不利的，但两盘之间有利的岩性配置对于页岩气保存是有利的。

6. 裂隙高度及穿层性

裂缝的高度影响着天然气的运移通道和储集空间。在沁水盆地煤系地层中，裂缝的高度，尤其是其穿越岩层的层数及岩性，是沟通页岩气藏、煤层气藏和致密砂岩气藏三者的关键，决定非常规气藏之间天然气的交流和连通性。当然，规模较大的裂缝也是天然气逸散的重要通道，如寺头断层等大型断层。

裂缝的高度既与岩层的厚度、岩性等内在因素有关，也与区域构造变形作用有关。通过野外裂缝的统计（图4-68），裂缝的高度主要以10～50cm为主，占50.35%，研究区裂缝总体高度在0.5m以下，约占80%，泥岩和砂岩中同样以切割深度0.5m以下的裂缝为主，灰岩中裂缝的切割深度相对泥岩和砂岩而言要大一些。

从裂缝的发育强度方面分析，裂缝可分为层内裂缝（二级裂缝）（图4-69）和穿层裂缝（一级裂缝）（图4-70）。野外观测的数据亦显示，区内岩层裂缝以层内裂缝为主导，穿层裂缝也较发育，多数发育于厚层泥岩、砂岩、灰岩和薄层砂泥互层的地层中。

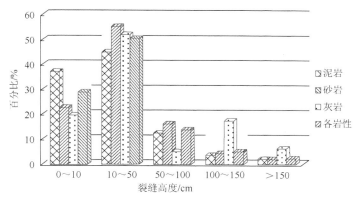

图 4-68 裂缝高度分布特征

图 4-69 层内裂缝　　　　　　　　图 4-70 穿层裂缝

从裂缝的高度分布特征可以发现，层内裂缝的大量发育对泥页岩本身而言有利于储层的封闭性，是保存天然气的重要场所，为后期开采天然气提供重要的渗流通道和气源。

综上所述，沁水盆地地区晚古生代泥页岩宏观裂缝较为发育，裂缝规模较小，以中小型裂缝、层内裂缝为主；裂缝多处于开启状态，是有利的页岩气保存场所和渗流通道；泥页岩储层很少发育大型的天然开启裂缝，对于后期的页岩气开发而言，是比较有利的。

（二）微裂隙特征

研究微观裂隙的发育特征通常使用裂隙的开度、密度、方向、充填特征等参数对其进行定量表征。

1. 微裂隙开度

裂隙开度是用来表征裂隙规模的重要参数。裂隙的真实开度是裂隙参数描述中的难题。镜下实测的裂隙开度或裂隙充填脉的宽度要比真实的裂隙开度大。因此在实测裂隙开度后，需要对实测值进行修正，得到真实开度。

修正公式为

$$e = \frac{1}{n} \sum_{i=1}^{n} e_i \times \cos \beta \qquad (4\text{-}2)$$

式中，e 为显微裂隙的真实开度（μm）；e_i 为镜下实测的显微裂隙开度（μm）；n 为显微裂隙的条数；β 为薄片或光片法线方向与裂隙面的夹角。此处，$\cos\beta$ 是一个修正值，经验修正值为 $2/\pi$（张学汝，1999），因此可得

$$e = \frac{1}{n} \times \frac{2}{\pi} \sum_{i=1}^{n} e_i \qquad (4\text{-}3)$$

通过镜下实测显微裂隙较为发育的暗色泥岩、砂质泥岩和泥质砂岩中的裂隙开度得知，泥岩、砂质泥岩中裂隙的开度较砂岩分布区间大（表 4-14），测量值也大，主要在 1～25μm，集中在 1～10μm（图 4-71）。砂岩中显微裂隙开度基本在 10μm 以下，灰岩中裂隙开度范围在 30μm 以内，波动较大。

表 4-14 显微裂隙张开度与密度统计

观测点	实测开度/μm	校正开度/μm	裂隙密度/（条/cm）	岩性
观 12	0.39～10.8	0.25～6.88	—	粗粒砂岩
观 13	20	12.73	0.4	灰色灰岩
观 14	3.4～44.35	2.16～28.23	9	黑色泥岩
	30～37.49	19.1～23.87	0.3	深灰泥岩
观 15	2.7～43.3	1.72～27.57	10	深灰泥岩
观 20	2.16～20.48	1.38～13.04	—	灰色砂质泥岩
观 41	0.73～56	0.46～36.65	5.7	砂质泥岩
观 57	1.84～6.45	1.17～4.11	—	细粒砂岩
观 73	1.36～24.25	0.87～15.44	—	中粒砂岩
观 74	20～29.5	12.73～18.78	1.3	灰色泥岩
	15～35	9.55～22.28	0.3	灰色泥岩
	1.18～38	0.75～24.19	11	灰黑砂质泥岩
观 76	2.4～10	1.53～6.37	—	中粒砂岩
观 77	0.5～43.8	0.32～27.88	2	深灰灰岩
观 78	1.46～5.62	0.93～3.58	—	含泥砂岩
观 79	6.07～58.26	3.86～37.09	3.2	深灰泥岩
观 80	4.37～38.62	2.78～24.59	3.6	深灰砂质泥岩
	2.28～8	1.45～5.09	—	泥质砂岩

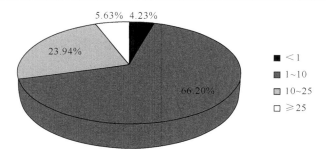

图 4-71　泥页岩中显微裂隙开度（μm）分布

2. 微裂隙密度

裂隙密度是用以表征裂隙发育密集程度的参数。裂隙线密度可以用来定性描述裂隙的渗流特征，方向性和尺度效应比较明显。研究过程中，通过对整个薄片的观测，统计近 SN 向某一直线上裂隙发育的条数。

通过镜下显微构造裂隙的观察，暗色泥岩、砂质泥岩密度基本在 10 条/cm 以下，其中观 14、观 15、观 41、观 74 四个观测点的显微裂隙密度较大（表 4-14，图 4-72（a）），密度均在 5 条/cm 以上。灰岩显微裂隙发育密度较小。砂岩显微裂隙密度很大，多以矿物颗粒为单元形成显微破裂裂隙，以晶内裂隙、粒间裂隙、穿晶裂隙最为发育，相对而言，剪裂隙较张裂隙更为发育（图 4-72（b））。

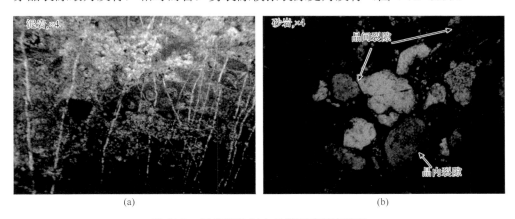

图 4-72　泥岩和砂岩中显微裂隙发育特征

3. 显微裂隙方向

显微裂隙发育的方向对页岩气的导流及压裂液的传播具有重要的作用。强烈的构造作用可以形成规模强大的裂缝，相对较弱的构造作用能够形成微观裂隙。

通过对泥岩、砂质泥岩的显微构造裂隙方位的统计，主要发育 NWW 向裂隙，NEE、NNE 向裂隙也较为发育（图 4-73）。但是在某些地区，微观裂隙走向有多个方向，表现较为复杂。如位于高平原村乡南部的观 20 砂质泥岩，裂隙在四个方位上都有较为强烈的表现，发育四组显微构造裂隙，有两套共轭裂隙，第一套共轭剪裂隙走向分别为 63°、152°，分布代表 NEE 与 NW/NWW 向裂隙，其锐夹角平分线走向为 107.5°，指示 SEE 向挤压应力，与燕山期最大区域构造应力方向较吻合；第二套共轭裂隙走向分别为 54°、165°，分别代表 NE 与 NNW 向裂隙，其锐夹角平分线走向为 19.5°，指示 NNE 向挤压应力，与喜山期区域构造挤压应力方向一致。由此可见，裂隙方向受区域应力场以及局部构造应力场控制。

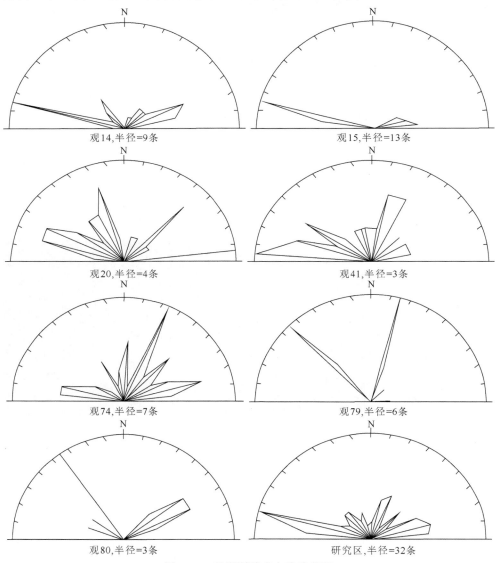

图 4-73　显微裂隙走向玫瑰花图

此外，岩石内部结构也有一定的影响，如观 14、观 15 和观 79 均为泥岩，镜下矿物颗粒粒径细小、粒度均匀，显微裂隙方向少、分布集中；其余四个样品为砂质泥岩，石英颗粒较其他矿物粒度大很多，显微裂隙方向较为复杂。

4. 微裂隙充填性

显微裂隙充填特征对于页岩气成藏及开发具有重要的意义。从镜下样品的观察发现，研究区内泥岩样品中发育的裂隙基本被充填，并填充有方解石脉（图 4-74（a））、黏土矿物。从显微裂隙充填物可以看到风化的痕迹，以下定向光片中可以明显看到充填物表面被风化成块状并下凹，抛光粉仍残留于表面（图 4-74（b））。砂质泥岩中，裂缝基本不受充填。

5. 超显微裂隙特征

运用扫描电镜可以观察到更加微小的页岩裂缝形貌特征，本实验在中国矿业大学科学中心采用 Quanta 250 仪器测试，通过放大不同的倍数进行观察和描述。

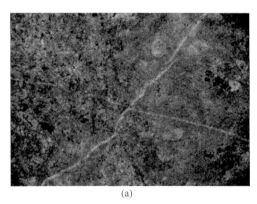
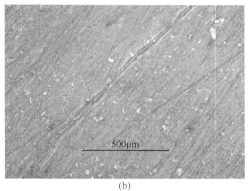

(a)　　　　　　　　　　　　　　　　　(b)

图 4-74　显微裂隙充填特征

扫描电镜下观察到，太原组泥页岩微观裂缝类型主要为外力作用下形成的外生裂隙及颗粒间裂隙，长度从几微米到几百微米均有发育，裂缝宽度一般在 0.5～2μm，其中外生裂隙往往穿过多个颗粒，呈笔直状，很少分叉。颗粒间裂隙分布于颗粒周围，为颗粒与周围矿物的接触界线，主要发育在有机质颗粒和石英周围，其形成的机理为颗粒在后期成岩过程中产生基质收缩而形成。根据成因可分为构造微裂缝、卸载微裂缝、溶蚀缝和收缩裂缝等（图 4-75）。扫描电镜下，显微裂隙发育不甚明显，主要以孔隙为主。

6. 显微裂隙力学性质

显微裂隙的力学性质可以通过显微裂隙的组合形式、矿物晶体的变形、错断方向进行判断。按力学性质可分为显微剪裂隙和显微张裂隙，前者较平直、紧密；后者多呈锯齿状，较开放，常具充填物。显微裂隙具体可以分为

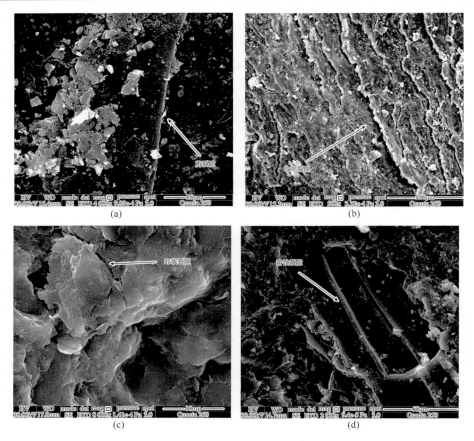

图 4-75　扫描电镜下显微裂缝特征

晶内裂隙、粒间裂隙和穿晶裂隙。研究区内，镜下可以常见显微共轭剪裂隙，在矿物颗粒比较明显的样品中可见穿晶张裂隙、穿晶剪裂隙，粒间张裂隙、粒间剪裂隙、晶内剪裂隙和晶内张裂隙（图 4-76）。

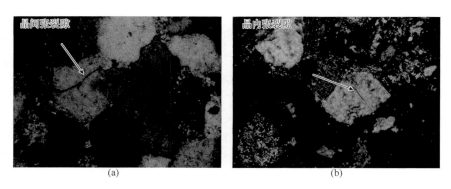

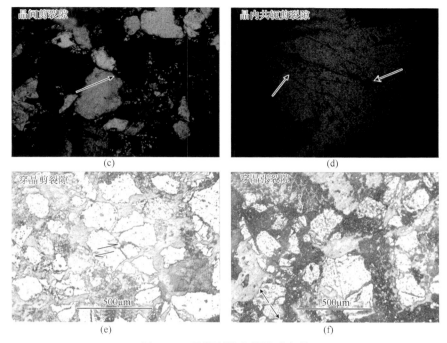

图 4-76　显微裂隙力学性质表现

7. 露头样品微裂隙与钻孔样品微裂隙特征对比

露头样品镜下显微裂隙发育特征与钻孔样品中显微裂隙具有一定的差异性，最大的不同之处为二者的充填特征。野外样品中，裂隙多数被黏土、方解石充填，尤其是裂隙遭受风化后充填泥质，而钻孔中样品裂隙多数是未充填裂隙或不完全充填裂隙，充填裂隙多以黏土矿物以及碎小的石英颗粒重结晶充填（图 4-77）。对

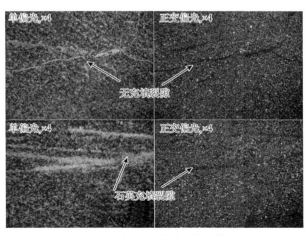

图 4-77　岩心显微裂隙发育特征

比二者的裂隙开度，差别不大，主要仍集中于 25um 以下。因钻孔样非定向样，对显微裂隙的方向无法判断。对薄片中裂隙密度进行统计得出，钻孔泥岩显微裂隙密度为 3.2～6 条/cm。

第九节　页岩储层物性特征

一、页岩储层渗透率

岩石渗透率是储层物性研究、地层损害评价、气藏开发设计的重要参数和指标，各类岩石中，页岩具有几乎最低的渗透率值（10^{-22}～10^{-18}m^3），对于 Venture 气田 4～6km 深的致密页岩和 Beaufort-Mackenzie 盆地（加拿大北部）2～4km 深致密页岩来说，所观测到的渗透率值的范围为 0.1～300mD（10^{-22}～10^{-9}m^3）。

从美国五大页岩气田及我国南方海相筇竹寺组与龙马溪组页岩的储层物性研究及开发实践看来，页岩气藏储层渗透率非常低，使页岩气体流动阻力比常规天然气的大，增加了页岩气储层开发的难度，是影响页岩气藏最终采收率的重要因素，但天然裂缝的发育对提高页岩储层渗透率有着重要的意义。此外，页岩层中的粉砂岩、砂岩夹层、灰岩透镜体以及不同岩性互层对提高页岩渗透率有着重要作用，如 San Juan 盆地 Lewis 页岩，基岩孔隙度和渗透率相对较低，分别仅为 1.72%和 0.0001mD，但由于粉砂岩夹层的存在，开采过程中有较高的产能。

由前面的裂缝描述可知，沁水盆地上古生界泥页岩宏观及微观天然裂隙较为发育，另外本次研究采用了脉冲衰减渗透率仪对研究区页岩渗透率值进行了测试。脉冲衰减渗透率仪（PDP-200）可以测 0.000 01～10mD 范围的渗透率。该系统是直接测量盖层，低渗透层和其他低渗透多孔介质渗透率的理想仪器。该系统不需测量流速。当流体从上游容器流出，压力随时间递减。相反的当流体流入下游容器，压力随时间递增。因此流速可以从已知的每个容器体积，流体压缩系数和压力变化率计算得出。瞬间体积流量除以压力变化率等于容积体积乘以流体和容器有效压缩系数。该结果被认为是容器的"存储压缩率"。

当气体脉冲衰减试验在低渗透率样品（低于 1mD）进行时，容器的体积相对小于样品孔隙体积的 1～5 倍。阀门 V1 和 V2 打开，容器和样品充满干燥的氮气，压力在 1000～2000psig。使用的高压气体在气体滑脱和气体可压缩性产生影响。当通过系统的气体压力在平衡时阀门 V1 和 V2 关闭，该过程可持续几分钟或几小时，取决于样品渗透率。

根据脉冲衰减渗透率仪实验测定的渗透率数据（表 4-15），页岩渗透率变化范围较大，主要在 0.000 142 30～0.014 216 15mD，全区泥页岩渗透率平均值达到 0.005 702 36mD，远远低于南方海相页岩的渗透率（现场测试的渗透率值 0.01～0.001mD），各层段泥页岩的渗透率值差异也较大。

表 4-15　上古生界泥页岩渗透率统计表

样品编号	埋深/m	地层	层段	渗透率/mD
XZ-37	1124.5	C_2t	II	0.006 306 62
SH-42	1055.4	C_2t	IV	0.001 175 39
ZZ-22	935	P_1s	I	0.014 216 15
BC-38	958	C_2t	III	0.006 671 35
SH-22	979.8	C_2t	II	0.000 142 30

页岩渗透率值最小到最大发生数量级的变化，可能与页岩的岩相有关。不同的岩相，形成了不同的岩石组分差异，反映了不同沉积环境和沉积能量的变化，从而造成储集层物性参数的非均质性。粉砂岩、泥质粉砂岩，由于砂质含量较高，导致渗透率值较高。砂质泥岩、碳质泥岩、致密黑色泥岩等，泥质含量较高，而且泥岩孔隙度较低，胶结致密，导致渗透率值较低。

此外，研究区各层段暗色泥页岩主要由粉砂岩和黏土级颗粒组成，孔隙裂隙较为发育，尽管孔裂隙较小，连通性一般，但硬质矿物的广泛存在为后期压裂开发奠定了一定的基础。

二、页岩储层的岩石力学特征及变化

岩石的力学性质一般包括弹性模量、泊松比、抗压强度和抗拉强度等，其中弹性模量是指材料在弹性范围内应力与应变的比值；泊松比是指岩石在受轴向压缩时（单轴或三轴），在弹性变形阶段，横向应变与纵向应变的比值；抗压强度是指岩样在单轴（或三轴）受压条件下整体破坏的压力，相对应地抗拉强度则是指岩样受到拉伸达到破坏时的极限应力（苏现波等，2001）。储层的力学特性对页岩气的开发影响重大，钻井、压裂时都需根据岩石的力学特性进行设计和施工。

本次研究采用微机控制电液伺服万能试验机对页岩样品进行了单轴抗压强度的实验。实验基本原理：

岩石的单轴抗压强度是指岩石试样在单向受压至破坏时，单位面积上所承受的最大压应力：

$$\sigma_{\mathrm{c}} = \frac{P}{A}$$

σ_{c}一般简称抗压强度（MPa），根据岩石的含水状态不同，又有干抗压强度和饱和抗压强度之分。岩石的单轴抗压强度，常采用在压力机上直接压坏标准试样测得，也可与岩石单轴压缩变形试验同时进行，或用其他方法间接求得。本次实验采用直接测量法。

由表 4-16 可知，页岩的单轴抗压强度在 18.720～44.484MPa，平均 30.380MPa，弹性模量在 1034.810～3256.957MPa，平均 2025.120MPa。沁水盆地 3#煤储层抗压强度介于 2.51～28.45MPa，平均为 12.61MPa；弹性模量介于 210～2330MPa，平均为 1027.77MPa。由此可见，沁水盆地页岩属于中硬岩层。

表 4-16　单轴抗压强度试验记录表

| 试样编号 | 层段 | 受力方向 | 试验状态 | 试样尺寸/mm | | 横截面积 A/mm² | 破坏荷载 P/kN | 单轴抗压强度 σ_{c}/MPa | 变形指数 |
				直径	高			单值	弹性模量/MPa
S-3	IV	轴向	单轴抗压	25	50	490.622	13.114	26.031	2793.133
S-5	I	轴向	单轴抗压	25	47	490.622	16.217	32.700	1034.810
S-7	IV	轴向	单轴抗压	25	44	490.622	30.360	29.964	3256.957
S-8	III	轴向	单轴抗压	25	30	490.622	22.172	44.484	1555.385
S-9	II	轴向	单轴抗压	25	33	490.622	9.597	18.720	1485.714

岩石的应力应变关系只能靠试验来确定，它是岩石力学最基本的关系之一，其重要地位相当于弹性力学中的虎克定律。

反映单轴压缩岩石试件在破裂前后全过程的应力应变关系的曲线，称为全应力-应变曲线。通过本次实验，也得到了页岩在外力作用下破坏过程的全应力-应变曲线。图 4-78 为页岩在单轴压缩下的全应力-应变曲线，实验过程中页岩大部分表现为剪切破坏，个别为张裂破坏，曲线中的峰值为页岩的极限抗压强度，页岩达到极限抗压强度时发出较大的声响后破碎。各岩样的特征如下（图 4-78）。

沁水盆地页岩的岩石力学性质一方面受岩性本身的影响，如岩石的成分、结构，另一方面可能与页岩赋存的环境因素有关，如地应力等。

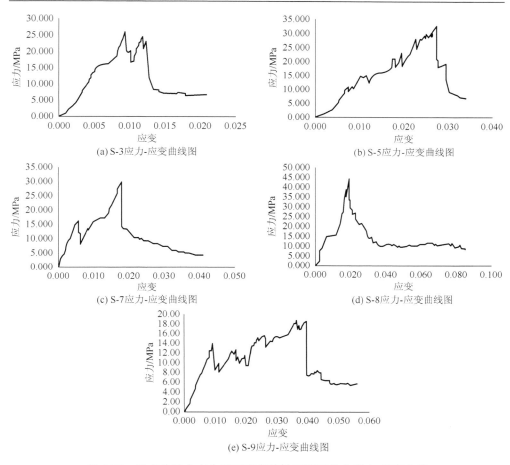

(a) S-3应力-应变曲线图

(b) S-5应力-应变曲线图

(c) S-7应力-应变曲线图

(d) S-8应力-应变曲线图

(e) S-9应力-应变曲线图

图4-78　沁水盆地上古生界页岩在单轴压缩下的全应力-应变曲线

第十节　封盖及稳定性

一、封盖

　　页岩气藏是一种自生自储式连续性气藏，泥页岩既可以作为储层，也可以作为盖层。因此，页岩气储层本身的孔隙性及渗透性决定了其自身的封盖能力。

　　页岩气藏不同于常规油气藏，其没有明显的圈闭，构造圈闭对页岩气藏的形成并不起主导作用，但是一个长期稳定的构造背景对页岩气聚集可能具有一定的积极作用。泥页岩的致密性使得页岩气难以从页岩层中逸出，页岩气边形成边赋存聚集。由于页岩具有超低的孔隙度和渗透率，其页岩体本身可以作为盖层形成一个封闭不渗透的储集体将页岩气封存在页岩层中，形成隐蔽圈闭气藏。

据野外调查及钻孔资料结果显示，研究区四个层段的泥页岩比较发育，主要岩性为碳质页岩、黑色泥页岩、深灰色及灰色泥页岩，另外，黑色粉砂岩、薄煤层也比较发育，具有低孔隙度、低渗透率等特点，有较强的封盖能力，而且大部分盖层深埋于 2000m 以下。多数情况下，富有机质泥页岩与深色粉砂岩、煤层能构成互层。在沁水盆地周围，四个层段页岩气目的层出露比较完整，盆地周缘不同尺度的断裂构造及中小型的褶皱构造也比较发育，这在一定程度上增加了泥页岩的孔隙性及渗透性，对页岩气储层的封盖能力造成了不利的影响。

对于不同目的层而言，岩性变化及旋回对储层的封盖性有着重要的影响。泥页岩本身可以作为其自身的盖层，对于粉砂岩、细砂岩及薄煤层而言，其自身的孔渗特征及上覆岩性的致密性有着重要的影响。具有一定厚度的上覆盖层对于页岩气藏是有利的。

第 I 层段泥页岩主要包括 3#煤顶至 K_8 砂岩段，以及下石盒子组底部的暗色泥页岩，有效储层厚度多在 15～30m，总体分布呈现东南、西北厚，单层深色泥岩较厚，一般在 3m 以上，但层数少，是有利的储集层及盖层。该层段的有利封盖层为下石盒子组的致密砂岩层，粉砂岩层数多，各层厚度不稳定，是有利的盖层。对于盆地内部而言，封盖条件较好，对于盆地周缘则较差。

第 II 层段泥页岩层段自 K_4 灰岩顶到 3#煤底，主要为太原组上段山垢段，发育泥岩、砂质泥岩、粉砂岩、细砂岩和薄煤层，累计厚度为 0～30m，多小于 20m，泥页岩层数少，致密性岩层除盆地东部边缘及东南部发育 K_5、K_6 灰岩，其余发育砂岩及泥质岩。其上覆 K_7 砂岩致密性较差。总体而言，盆地内部比盆地东部边缘及东南部气藏封盖性能要好。

第III层段泥页岩指的是太原组西山段，包含 K_2、K_3、K_4 三层灰岩以及灰岩层之间的泥岩、粉砂岩和薄煤层，整段在全区发育稳定，深色泥岩发育，但厚度较小，累计厚度约为 15m 左右，灰岩中含燧石结核或燧石条带。致密的泥岩及灰岩构成了良好的封盖体系。

第IV层段泥页岩从本溪组底到 15 号顶或 K_2 灰岩底，包括太原组下段晋祠段和本溪组半沟灰岩段及铁铝岩段，由灰、棕灰色、灰黑色泥岩、砂岩、粉砂岩、灰岩、薄煤层、煤线组成。其中晋祠段富有机质泥页岩主要发育在下煤组地层中，层数不多，累计厚度较小，总体而言，有利储层北部厚、南部薄。其上发育稳定的 K_2 灰岩，全区发育比较稳定，厚度较大。这对泥页岩本身及互层的粉砂岩、薄煤层而言，封盖性能都比较好。部分发育于晋祠砂岩与 L_0 灰岩或相当层位灰岩之间，虽然泥岩和灰岩厚度不大，但是它们的致密性足以构成良好的盖层。

而第Ⅳ层段本溪组中的泥岩、粉砂岩及灰岩比较致密，是良好的盖层。厚 0～60m，总的变化趋势是北部厚，南部薄。灰岩有 1～3 层，灰岩层数及厚度由北向南变少变薄，太原、阳泉等地灰岩层数一般为 2～4 层，太原东山局部可达 6 层，厚度变小，泥质含量增高。阳城—乡宁地区以南，缺少灰岩沉积。煤层多为煤线。上部半沟灰岩段发育不稳定，在盆地南部露头区，地层较薄，半沟段不发育，大型断裂构造发育，次生断裂发育，造成该目的层封盖效果差。其上覆太原组巨厚层晋祠砂岩，全区发育，北部较厚，厚度大，但其致密性相对较差，对下伏地层气藏的封盖能力有不利影响。在盆地的西北部太原西山—东山一带，地层出露，埋藏浅，断裂构造非常发育，即使半沟段较发育，封盖性也受到了一定的影响。在盆地东北边缘武乡至盂县一线，半沟段地层有一定的厚度，有出露，埋藏浅，但出露面积狭小，相对盆地其他边缘封闭性要稍好。对于盆地内部，地层有一定的埋藏深度，构造相对稳定，本地层封盖性能较好。

尽管沁水盆地经历了多期构造演化，在晋城及阳泉等地还经历了复杂的构造升降，但石炭—二叠系泥页岩由于泥、页岩塑性大，在历次构造活动中以塑性变形为主，都起着缓冲作用，断裂破碎不很强烈，有利于气体的保存。

综上所述，可得出以下结论：①沁水盆地内部各目的层均埋藏较深，封盖条件好，盆地周缘露头区及裂缝发育区封盖条件差；②第Ⅲ、第Ⅳ层段泥页岩封盖性能相对较好，第Ⅱ层段次之，第Ⅰ层段相对较差；③对比各层位及岩性，泥页岩、粉砂岩、半沟灰岩、L_0 及相当层位地层、K_2、K_3、K_4、K_5 及相当层位地层、K_6 及相当层位地层可作为有利的盖层。

二、稳定区优选

（一）相对稳定区的研究意义

页岩气藏作为多种复杂地质因素共同作用的产物，其形成不仅与构造有关，而且形成之后还要受到断裂活动、岩浆热液活动、变质作用、区域盖层及水文地质条件等多种因素的影响。构造作用既可以造成页岩气藏破坏，也可以向着有利于页岩气藏的保存并使油气更富集的方向发展。页岩气藏形成或再调整后，其整体封存条件和相对稳定的区域是页岩气藏保存的关键。沁水盆地晚古生代地层影响最大的是印支期、燕山期和喜山期构造运动，其控制了地区的古地理及沉积环境和古构造格局。

晋中南地区大地构造发展经历了太古代—早元古代的基底发展阶段，中元古代—三叠纪的盖层发展阶段和中新生代"活化"阶段。加里东运动使本区全面上升遭受剥蚀、夷平和准平原化，为晚古生代含煤建造的沉积创造了有利条件。

从晚石炭世至晚三叠世末，地壳以持续沉降为主，沉积了厚达数千米的三叠系河湖相碎屑岩，厚度由北向南增厚，至该阶段末期，最大沉降幅度达 4500m，使有机质深埋并经受了深成变质作用，这一阶段为泥页岩第一阶段生烃期，不仅为油气的生成与储集带来了有利条件，同时巨厚的上覆地层厚度也为页岩气储层提供了良好的盖层条件。

自三叠纪末期的印支运动开始，本区进入一个动荡不定、地壳运动频繁的时代，三叠纪末本区处于隆起状态并广泛遭受剥蚀，至该阶段末期，地壳最大抬升幅度超过 1000m。该阶段并未造成晚古生代含煤地层大规模的剥蚀，但地层抬升在相当程度上降低了泥页岩中有机质向油气的转化。

燕山早中期，以断裂活动为主，将本区切割成不同级别的断块，断块内形成平缓开阔的褶皱。燕山运动末期，尤其是晚白垩世以后，整个中国大陆东部进入受太平洋地球动力学体系控制的裂陷阶段。燕山运动后，本区出现断块山和拗陷两种构造单元，之后挤压断裂作用渐弱。燕山运动形成沁水复向斜和盆地雏形，盆地内部缓慢沉降，为生烃创造了有利条件。但盆地边缘晚古生代地层翘起并出露，高角度张性断裂发育，既不利于泥页岩中有机质的转化，也不利于储层中气体的保存。

上新世开始，地壳又趋活跃，在山西隆起区产生北西—南东向拉张应力，发育了山西地堑系，形成了大型 NNE 向的晋中、临汾和长治断陷盆地，并使霍山和太行山隆起，并在西北部和东南部因拉张而形成北东向正断裂。断陷盆地边缘及张性断裂附近储层裂缝连通性强，且多与地面沟通，不利于页岩气的储存。

（二）相对稳定区筛选原则与结果

本次相对稳定区的筛选原则有以下几点：①避开构造发育区，断裂破坏区；②从研究区页岩气保存角度出发，相对稳定区应该避开露头区，本次研究将目的层埋深大于 600m 作为相对稳定区筛选原则之一；③相对稳定区应尽量避开岩浆岩出露地。

本次筛选的相对稳定区主要为三大区（盆地南部，盆地中、北部，晋中地堑）（图 4-79）。盆地南部主要分布于古县—浇底断裂构造带以东、双头—襄垣断裂构造带以南，东部和南部边界大致以上石盒子组底部露头线为界，东北部避开二岗山南北断层。

中、北部位于双头—襄垣断裂构造带以北，东部和北部以上石盒子组底部露头线为界，西部以东山矿区东缘、晋中地堑东北边界、天中山—仪城断裂构造带及上石盒子组底部露头线为界。晋中地堑总面积约 0.3 万 km²，晚古生代地层埋藏深。

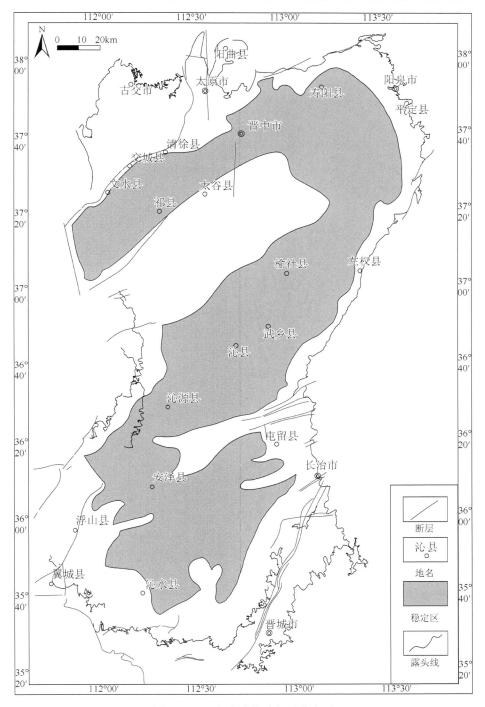

图 4-79 沁水盆地构造相对稳定区

第五章 页岩含气性特征

页岩含气性是页岩气资源评价和有利区优选的关键参数。含气性是指每吨岩石中所含天然气折算到标准温度和压力条件下（101.325kPa，25℃）的天然气总量，包括游离气、吸附气、溶解气等，鉴于沁水盆地页岩层段中不存在原油，因此本次研究主要关注吸附气和游离气。游离气是以游离状态赋存于孔隙和微裂缝中的天然气；吸附气是吸附于有机质和黏土矿物表面的天然气。

第一节 页岩吸附气含量特征

一、等温吸附实验

页岩是一种多孔介质，具有很大的比表面积。由于气体分子与页岩内表面之间的范德华力作用，气体有被吸附到页岩内表面上的趋势，这种吸附属于物理吸附，符合朗缪尔单分子层吸附理论。页岩的吸附能力是温度、吸附质、压力和页岩性质的函数。在温度和吸附质一定的情况下，页岩对气体的吸附量可用朗缪尔方程描述：

$$V = \frac{V_{L}P}{P + P_{L}} \tag{5-1}$$

式中，V 为压力 P 时的吸附量（m³/t）；V_{L} 为朗缪尔体积（MPa）；P_{L} 为朗缪尔压力（MPa）。据式（5-1）拟合等温吸附曲线，计算朗缪尔体积和朗缪尔压力。V_{L} 表征页岩具有的最大吸附能力，P_{L} 为解吸速度常数与吸附常数的比值，表示页岩的吸附量为其最大吸附量一半的压力，即 $V=V_{L}/2$ 时，$P=P_{L}$。

实验采用美国 TerraTek 公司 IS-300 型高压轻烃吸附仪，实验程序如下：

（1）制样和平衡水处理，将原样粉碎出逾 400g，到 60～80 目，然后平衡水实验，煤样喷水以后，放入平衡水容器中，每天称重，直到重量没有变化，以达到平衡。一般需时 1 周。

（2）将达到平衡水分的煤样准确称量，迅速装入样品缸内，通过测定平衡前后样品缸内摩尔数的变化可计算出各压力点的吸附量。

（3）根据朗缪尔方程变形为 $P/V=P/V_{L}+P_{L}/V_{L}$，将实测的各压力点的压力与吸附量数据绘制成以 P 为横坐标、以 P/V 比值为纵坐标的散点图，利用最小二乘法求出这些散点图的回归直线方程及相关系数 R，进而求出直线的斜率，根据斜率和截距可求出朗氏体积和朗氏压力。

（4）根据各平衡压力点吸附量 V 和压力 P 绘制等温吸附曲线。

二、实验结果分析

鉴于收集到的 9 口钻孔岩心样极少采到本溪组的暗色泥页岩，而且等温吸附实验用样数量较大，故本次实验在全区共选取 30 件不同层段的样品进行测试，获得表 5-1，图 5-1 结果。

表 5-1　等温吸附测试数据

地名	地层	深度	层段	最大吸附对应压力/MPa	最大吸附量/（m³/t）
横水 902	P_1s	1413.3	I	3.69	0.583
胡底南详 1	P_1x	587	I	6.62	1.16
左权苏家坡	P_1x	535	I	5.28	1.075
左权苏家坡	P_1s	544	I	8.24	1.283
襄垣上北漳 ZK302	P_1s	296	I	4.92	0.506
阳泉水泉沟	P_1s	—	I	8.2	0.734
安泽义唐	P_1s	704	I	3.73	0.479
西庄	P_1s	1044.5	I	0.99	0.863
胡底南详 1	P_1s	618	II	8.48	1.127
胡底南详 1	C_2t^3	630	II	6.62	1.031
胡底南详 1	C_2t^2	651	II	8.65	1.405
沁源新章 ZK101	P_1s	477.9	II	8.45	1.005
沁源新章 ZK101	C_2t^3	508	II	8.45	0.942
左权苏家坡	C_2t^3	578	II	5.08	0.696
襄垣上北漳 ZK302	C_2t	355.1	II	4.98	1.888
安泽义唐	C_2t^2	779	II	6.71	0.673
西庄	C_2t	1137	II	1.06	0.712
上湖 S3	P_1s	921	II	0.92	1.284
河神庙 701	P_1s	831	II	0.99	0.983
寺头 2-1	P_1s	706	II	0.98	0.942
沁源新章 ZK101	C_2t^2	544.1	III	3.74	0.606
左权苏家坡	C_2t^2	657	III	6.57	1.146

续表

地名	地层	深度	层段	最大吸附对应压力/MPa	最大吸附量/（m³/t）
河神庙 701	C_2t^2	864	III	7.01	9.74
襄垣上北璋 ZK302	C_2t	414	III	8.43	1.54
横水 902	C_2t^2	1539.5	IV	4.78	0.556
横水 902	C_2t^1	1542.5	IV	6.65	1.852
胡底南详 1	C_2t^1	709	IV	8.47	1.456
安泽义唐	C_2t^2	817	IV	3.52	0.44
寺头 2-1	C_2t	795	IV	1.02	0.727
白村 ZK305	C_2t	984	IV	0.98	1.1

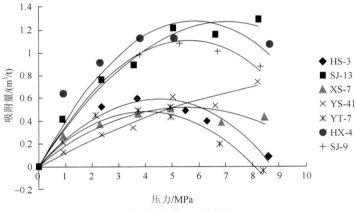

(a) 第 I 层段3号～K_8砂岩底

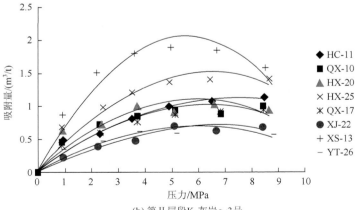

(b) 第 II 层段K_4灰岩～3号

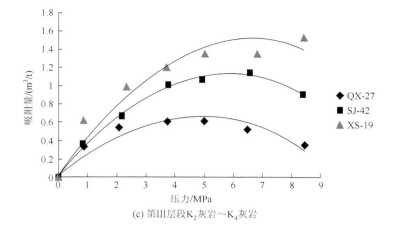

(c) 第Ⅲ层段K₂灰岩～K₄灰岩

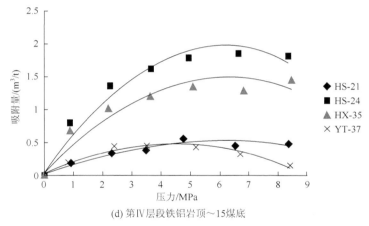

(d) 第Ⅳ层段铁铝岩顶～15煤底

图 5-1　泥页岩等温吸附曲线

实验测试可知，30℃下沁水盆地上古生界泥页岩最大吸附量介于 0.440～4.73m³/t。其中第Ⅰ层段泥页岩最大吸附量加权平均为 1.01m³/t；第Ⅱ层段泥页岩最大吸附量平均为 1.17m³/t；第Ⅲ层段泥页岩最大吸附量平均为 1.10m³/t；第Ⅳ层段泥页岩最大吸附量平均为 1.076m³/t。平衡水含水率为 0.77%～2.98%，最大吸附气含量对应测试压力均分布于 3.52～8.65MPa。

由等温吸附曲线可知，页岩吸附气在高压条件下易出现倒吸附现象（图 5-1），第Ⅰ层段绝大多数暗色泥页岩出现倒吸附现象，临界压力值介于 3.5～6.0MPa；第Ⅱ层段胡底南及襄垣的 5 个样品在 6MPa 时出现倒吸附现象，其余样品均未达到压力临界值；第Ⅲ层段的 3 个样品均存在倒吸附现象，临界压力值为 5.5MPa；第Ⅳ层段仅义唐样品在 5MPa 时出现倒吸附现象。故页岩中倒吸附现象较为普遍，在先前的煤层气吸附测试研究中尚未出现过，考虑产生倒吸附原因，推测是由于泥页岩主要由黏土矿物组成，在经过平衡水处理后，水与黏土之间产生较为复杂的过程，从而制约页岩的吸附能力，使其在低压状态下较早的进入吸附饱和阶段。吸附达到饱和后，由于单分子层吸附能力有限，随着气体密度持续增加，使气体吸附发生逆过程，产生倒吸附现象。

对于海陆交互相页岩体系而言，其沉积环境的不稳定性使得目的层岩性在垂向上变化很大，目的层不同层位的页岩吸附能力存在较大差异，靠近煤层的页岩最大吸附量均在 $2.0m^3/t$ 以上，大多数可达到 $3.0m^3/t$，而对于距离煤储层较远的页岩储层，其最大吸附量一般为 $0.5\sim1.9m^3/t$。鉴于此，在进行海陆交互相页岩评价时，不能仅用一个或少数几个样品的吸附气量来代表一个地区的某个层段，而应该根据整个层段中页岩的岩性、岩相、有机质含量、距离煤层远近程度等依次取样，对样品的实验结果进行加权平均处理，以最终的加权平均值代表整个层段的最大吸附量。

相比于海相页岩储层，海陆交互相页岩中存在大量靠近煤层的碳质页岩，使得海陆交互相页岩加权平均后的最大吸附量一般均在 $1.0m^3/t$ 以上，最大可达 $1.7m^3/t$，明显大于海相页岩储层的最大吸附量。因此就吸附气存储能力而言，海陆交互相页岩优于海相页岩。

三、吸附能力影响因素

页岩吸附能力通常与页岩总有机碳含量，干酪根成熟度，储层温度、压力，页岩原始含水量和天然气组分等特征有关，其中以有机碳含量、温度和压力为主要影响因素（Hill *et al.*，2000）。

（一）最大吸附量与沉积层位的关系

选取胡底南、苏家坡、襄垣及义唐 4 口包含有 3～4 段泥页岩地层吸附气含量的数据，进行纵向上吸附性对比，如图 5-2 所示，由于研究区不同层段采样的随机性，造成样品在岩性、矿物组分上存在较大差异，加之海陆交互相地层沉积环境变化迅速，垂向上各层段泥页岩吸附能力规律性不显著，吸附气与埋深之间没有明显的相关性，主要表现了不同地区的含气性差异。

（二）最大吸附量与 TOC 关系

甲烷吸附能力与 TOC 含量存在一定的正相关关系，这在国内外研究页岩气吸附特征的专家所写的文献里已经体现（Manger *et al.*，1991；Lu *et al.*，1995；Ross and Bustin，2007；Chalmers，2007），但其研究对象基本上都是针对海相泥页岩地层，而陆相及海陆交互相泥页岩的吸附能力的控制因素探讨较少。本次吸附实验结果表明（图 5-3），在相同压力下，随着 TOC 的增大，最大甲烷吸附量呈增加趋势，但表现不很明显。

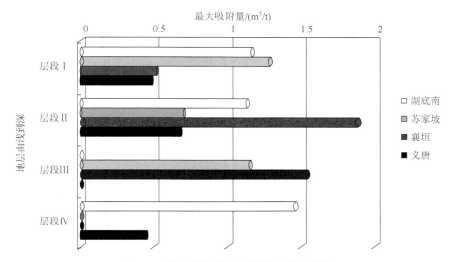

图 5-2 暗色泥页岩最大吸附量垂向变化

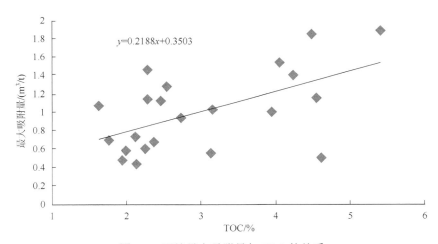

图 5-3 甲烷最大吸附量与 TOC 的关系

有机碳含量是影响页岩吸附能力最主要的因素，但不是唯一因素，造成甲烷最大吸附量与 TOC 相关性差的原因，可能是未排除成熟度、物质组成等对其产生的影响。王社教等（2011）在研究鄂尔多斯盆地页岩气吸附性能时指出，纯泥岩含气量高于砂质泥岩和粉砂质泥岩，碳质泥岩虽 TOC 高，但含气量并不高，只有同一岩性的泥页岩，TOC 与含气量呈正比。

鉴于此，本次研究选取 3 个岩性相近、不同 TOC 值的太原组样品作等温吸附曲线对比（图5-4），可以看出页岩中 TOC 值越高，页岩的气体吸附量越大。

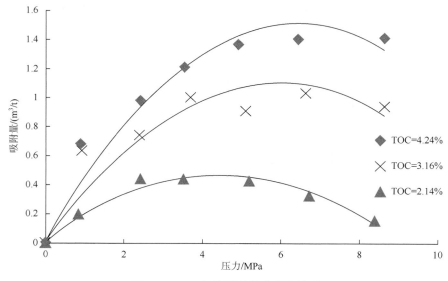

图 5-4　TOC 与等温吸附曲线的关系

（三）最大吸附量与孔隙度关系

　　页岩甲烷吸附量随着微孔隙体积的增大而增大，这一特征与煤层气储层相类似（刘洪林等，2009），与页岩 TOC 密切相关的微孔隙度是孔隙介质的主要组成部分，和具有相似组成的固体大孔隙相比，可形成更大的内表面积和吸附能力（小于 2nm 的孔）。本次研究结果表明，页岩中甲烷最大吸附量与孔隙度尽管没有显著的线性关系，但是相关关系还是存在的，即随着孔隙度的增大，甲烷最大吸附含量增大（图 5-5）。

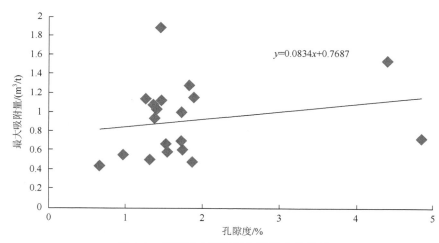

图 5-5　甲烷最大吸附量与孔隙度的关系

（四）最大吸附量与样品水含水率的关系

黑色泥页岩样品实验中平衡水含水率变化介于0.77%～2.98%，平均为1.54%。图5-6表明，甲烷最大吸附量与样品含水率之间相关性较差，含水率大于1.1%后，甲烷最大吸附量随平衡水含量增加而减少，原因在于水的存在使页岩的孔隙空间被占据，进而造成甲烷吸附量的降低。

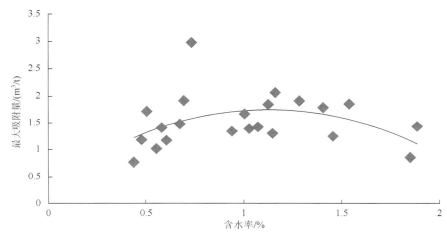

图5-6　甲烷最大吸附量与含水率的关系

第二节　页岩游离气含量特征

在页岩气游离气量的计算中常用的两种计算方法主要有：容积法及吸附/游离气比值法两种。对于吸附/游离气比值法而言，其使用方法是建立在已知研究区吸附气含量及类比区不同深度下吸附气量与游离气量的比值之上，利用类比区不同深度下吸附气量与游离气量的比值数据，进而求得研究区游离气量，这种方法对研究区与类比区地质条件的一致性具有比较高的要求，但在本次研究中，研究的对象为海陆交互相页岩，并没有地质条件相似、可供参考的、研究程度较高的海陆交互相页岩可供类比，因此不宜用此种方法进行游离气的计算。

本次研究中，游离气的计算方法为容积法，其所依据的计算理论方程为理想气体状态方程，即 $PV=nRT$，根据研究区目的层页岩储层原地的温度、压力状态及其孔隙孔容，进而求得此状态下所能容纳的标准气体的体积，即为最大可容纳的游离气的体积。

在容积法计算游离气含量过程中，关键要素为准确求得研究区目的层原地温度、压力及储层孔容。对于储层孔容而言，虽然随着埋深的增大，储层孔隙得到压缩，使得储层孔容有所减小，但减小的幅度较小，可忽略不计，因此取压汞实验中页岩样品的测试结果作为游离气含量中孔容的数据取值。同时在已知研究区压力梯度及温度梯度的基础之上，可根据目的层的埋深求得页岩原地的压力及温度状态。

根据压汞实验测试结果表 5-2 可知，研究区第 I 层段页岩储层孔容平均值为 0.0098ml/g，第 II 层段页岩储层孔容平均值为 0.0086ml/g，第III层段页岩储层孔容平均值为 0.0106ml/g，第IV层段页岩储层孔容平均值为 0.0058ml/g。

表 5-2 沁水盆地石炭二叠系页岩储层压汞数据统计表

样品编号	层段	比表面积/(m^2/g)	孔容/(m^3/t)	孔隙度/%	样品编号	层段	比表面积/(m^2/g)	孔容/(m^3/t)	孔隙度/%
HS-2	I	2.102	0.0065	1.3874	JS-12	II	2.349	0.0069	1.6411
XS-6	I	2.392	0.0061	1.319	HX-20	II	2.343	0.0064	1.4047
HX-4	I	3.771	0.0089	1.8967	SJ-29	II	3.542	0.0081	1.7605
SJ-13	I	3.123	0.0087	1.8268	XQ-22	II	7.954	0.0172	3.4622
YT-7	I	1.821	0.0088	1.8699	YB-24	II	1.959	0.0077	1.6609
BC-4	I	2.438	0.0078	1.7016	YT-26	II	2.885	0.0072	1.5217
BC-9	I	1.539	0.0057	1.2352	BC-22	II	2.31	0.0094	1.9706
HSM-10	I	2.652	0.0075	1.5138	HSM-24	II	2.484	0.008	1.7248
XZ-8	I	3.523	0.0108	2.3427	SH-13	II	5.708	0.012	2.5474
HS-4	I	2.921	0.0079	1.7032	ST-14	II	3.997	0.0085	1.8586
LS-5	I	3.242	0.0098	1.9674	XZ-39	II	2.049	0.0065	1.3914
JS-7	I	2.749	0.0073	1.6081	LS-19	II	2.038	0.0059	1.3001
SJ-9	I	2.472	0.0063	1.3559	QX-12	II	1.678	0.0081	11.2782
YB-19	I	4.827	0.021	4.401	XS-9	II	2.649	0.0084	1.8081
YS-41	I	3.573	0.0242	4.8536	HX-10	II	1.797	0.0069	1.4596
QXY-17	I	2.38	0.0063	1.3796	SJ-22	II	3.587	0.0079	1.7305
BC-7	I	1.971	0.0068	1.4738	YT-18	II	1.56	0.0061	1.3254
BC-11	I	2.69	0.0086	1.7237	HSM-29	II	3.702	0.0099	2.1275
HSM-5	I	3.297	0.0086	1.8435	SH-20	II	5.456	0.0126	2.742
HSM-14	I	1.566	0.0107	2.3809	ST-15	II	5.845	0.0131	2.8492
SH-1	I	6.592	0.0156	3.2857	XZ-18	II	2.995	0.0083	1.8269
ST-7	I	4.857	0.0113	2.4775	HS-16	III	0.965	0.005	1.1467
LS-13	II	1.515	0.0058	1.2829	LS-22	III	2.006	0.0076	1.6093
XS-13	II	2.583	0.0069	1.4503	QX-25	III	3.197	0.0081	1.7417

续表

样品编号	层段	比表面积/(m^2/g)	孔容/(m^3/t)	孔隙度/%	样品编号	层段	比表面积/(m^2/g)	孔容/(m^3/t)	孔隙度/%
JS-22	III	2.378	0.0089	1.8814	BC-33	III	1.827	0.0066	1.422
SJ-48	III	3.259	0.0075	1.5989	HSM-39	III	12.504	0.0266	3.9914
YS-14	III	9.785	0.0356	7.2655	SH-35	III	2.147	0.0067	1.3906
BC-32	III	1.931	0.0063	1.3521	ST-26	III	3.465	0.0086	1.8649
HSM-37	III	3.587	0.0085	1.8595	XZ-45	III	5.208	0.0098	2.1381
SH-32	III	2.037	0.0076	1.5127	HS-22	IV	0.911	0.0047	0.9723
ST-23	III	3.791	0.0089	1.8917	HS-38	IV	0.139	0.004	0.8393
ST-28	III	2.357	0.0073	1.6087	XS-21	IV	2.343	0.0042	1.4047
XZ-49	III	2.442	0.0074	1.6053	QXY-2	IV	1.71	0.0061	1.3084
HS-18	III	0.051	0.0035	0.755	BC-39	IV	2.081	0.0072	1.5642
XS-18	III	6.028	0.0116	2.4084	HSM-58	IV	0.634	0.007	1.4822
JS-20	III	1.515	0.0075	1.4126	SH-45	IV	7.29	0.017	3.5808
JS-25	III	1.327	0.0055	1.1875	HS-32	IV	0.162	0.0029	0.6328
SJ-42	III	2.289	0.0059	1.2625	QX-31	IV	1.553	0.0053	1.1665
XQ-14	III	15.73	0.0273	5.3831	YT-37	IV	0.996	0.003	0.6599
YB-29	III	1.433	0.0205	4.3035	ST-31	IV	0.467	0.0039	0.8253
BC-25	III	2.002	0.0066	1.4467	XZ-53	IV	1.635	0.0048	1.0029

　　依据前人的工作可知沁水盆地压力梯度平均为南部及中部 6.3MPa/km、北部 6.2MPa/km；温度梯度平均 2.8℃/100m。根据研究区目的层页岩储层孔容、沁水盆地压力梯度、温度梯度可求得不同埋深下目的层页岩储层中的游离气量，如表 5-3 所示。

表 5-3　沁水盆地各层段泥页岩不同埋深游离气量计算表

页岩埋深/m	层段	孔容/(m^3/t)	压力梯度/(MPa/km)	温度梯度/(℃/100m)	原地温度/K	原地压力/MPa	游离气/(m^3/t)
500	I	0.0098	6.25	2.8	307.15	3.226	0.278 368 283
1000	I	0.0098	6.25	2.8	321.15	6.351	0.524 131 297
1500	I	0.0098	6.25	2.8	335.15	9.476	0.749 362 119
2000	I	0.0098	6.25	2.8	349.15	12.601	0.956 530 609
2500	I	0.0098	6.25	2.8	363.15	15.726	1.147 725 761
500	II	0.0086	6.25	2.8	307.15	3.226	0.244 282 37

页岩埋深 /m	层段	孔容/ （m³/t）	压力梯度/ （MPa/km）	温度梯度/ （℃/100m）	原地温度/K	原地压力 /MPa	游离气/ （m³/t）
1000	II	0.0086	6.25	2.8	321.15	6.351	0.459 951 955
1500	II	0.0086	6.25	2.8	335.15	9.476	0.657 603 492
2000	II	0.0086	6.25	2.8	349.15	12.601	0.839 404 412
2500	II	0.0086	6.25	2.8	363.15	15.726	1.007 187 913
500	III	0.0106	6.25	2.8	307.15	3.226	0.301 092 224
1000	III	0.0106	6.25	2.8	321.15	6.351	0.566 917 525
1500	III	0.0106	6.25	2.8	335.15	9.476	0.810 534 536
2000	III	0.0106	6.25	2.8	349.15	12.601	1.034 614 74
2500	III	0.0106	6.25	2.8	363.15	15.726	1.241 417 66
500	IV	0.0058	6.25	2.8	307.15	3.226	0.164 748 575
1000	IV	0.0058	6.25	2.8	321.15	6.351	0.310 200 155
1500	IV	0.0058	6.25	2.8	335.15	9.476	0.443 500 029
2000	IV	0.0058	6.25	2.8	349.15	12.601	0.566 109 952
2500	IV	0.0058	6.25	2.8	363.15	15.726	0.679 266 267

第三节　　页岩总含气量特征

页岩气主要由吸附气与游离气所构成，溶解气及固溶气含量极低，在国内外页岩气含气量计算中往往将溶解气及固溶气所忽略，本次研究中页岩气总含气量取值亦是等于吸附气量与游离气量之和。

对于前文所述吸附气及游离气含量计算中，均为其储层在理想状态下的最大含气量，即含气饱和度为100%，但在实际中很难达到。沁水盆地煤储层的含气饱和度平均为 70%，考虑到所评价的页岩储层埋深大于煤储层，对气体的保存作用更好，因此本次研究中含气饱和度取80%。研究区目的层含气量计算结果如表5-4所示。

表5-4　各层段含气量计算值

页岩埋 深/m	层段	最大吸附 量/（m³/t）	孔容/ （m³/t）	压力梯度/ （MPa/km）	温度梯度/ （℃/100m）	原地温 度/K	原地压 力/MPa	游离气/ （m³/t）	含气饱 和度	含气量/ （m³/t）
500	I	0.84	0.0098	6.25	2.8	307.15	3.226	0.278 368 3	0.8	0.89
1000	I	0.84	0.0098	6.25	2.8	321.15	6.351	0.524 131 3	0.8	1.09
1500	I	0.84	0.0098	6.25	2.8	335.15	9.476	0.749 362 1	0.8	1.27
2000	I	0.84	0.0098	6.25	2.8	349.15	12.601	0.956 530 6	0.8	1.44

页岩埋深/m	层段	最大吸附量/（m³/t）	孔容/（m³/t）	压力梯度/（MPa/km）	温度梯度/（℃/100m）	原地温度/K	原地压力/MPa	游离气/（m³/t）	含气饱和度	含气量/（m³/t）
2500	I	0.84	0.0098	6.25	2.8	363.15	15.726	1.147 725 8	0.8	1.59
500	II	1.06	0.0086	6.25	2.8	307.15	3.226	0.244 282 4	0.8	1.04
1000	II	1.06	0.0086	6.25	2.8	321.15	6.351	0.459 952	0.8	1.22
1500	II	1.06	0.0086	6.25	2.8	335.15	9.476	0.657 603 5	0.8	1.37
2000	II	1.06	0.0086	6.25	2.8	349.15	12.601	0.839 404 4	0.8	1.52
2500	II	1.06	0.0086	6.25	2.8	363.15	15.726	1.007 187 9	0.8	1.65
500	III	1.1	0.0106	6.25	2.8	307.15	3.226	0.301 092 2	0.8	1.12
1000	III	1.1	0.0106	6.25	2.8	321.15	6.351	0.566 917 5	0.8	1.33
1500	III	1.1	0.0106	6.25	2.8	335.15	9.476	0.810 534 5	0.8	1.53
2000	III	1.1	0.0106	6.25	2.8	349.15	12.601	1.034 614 7	0.8	1.71
2500	III	1.1	0.0106	6.25	2.8	363.15	15.726	1.241 417 7	0.8	1.87
500	IV	1.02	0.0058	6.25	2.8	307.15	3.226	0.164 748 6	0.8	0.95
1000	IV	1.02	0.0058	6.25	2.8	321.15	6.351	0.310 200 2	0.8	1.06
1500	IV	1.02	0.0058	6.25	2.8	335.15	9.476	0.443 5	0.8	1.17
2000	IV	1.02	0.0058	6.25	2.8	349.15	12.601	0.566 11	0.8	1.27
2500	IV	1.02	0.0058	6.25	2.8	363.15	15.726	0.679 266 3	0.8	1.36

第六章　构造-埋藏史、有机质演化史、生气史分析

第一节　页岩储层构造-埋藏史及有机质演化史

页岩气虽然为自生自储的连续型气藏，但地史时期中页岩储层压力、温度的变化对页岩气的生成、运移及储集起着控制作用，通过研究沁水盆地页岩气成藏史，可了解研究区页岩生气量、气体逸散量等信息，进而预测现今页岩气原地含气量，这对沁水盆地页岩气有利区优选及资源潜力评价具有重要意义。

沁水盆地目的层页岩体系沉积后历经了印支运动、燕山运动、喜山运动三期大的构造改造作用，可分为 4 个沉积埋藏阶段（图 6-1、图 6-2），同时目的层的沉积埋藏，使得储层有机质在古地热场及时间作用下得以演化，进而生成大量烃类气体。

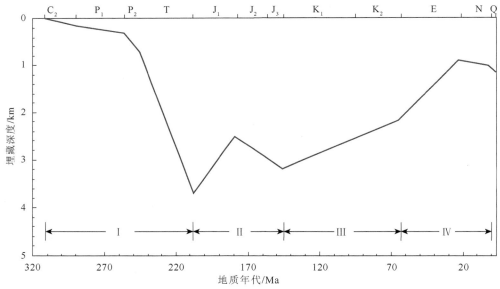

图 6-1　阳城—翼城沉积埋藏史

目的层埋藏史第 I 阶段为海西运动后期和印支运动期，此阶段属快速埋藏时期，至三叠纪末期，地层的最大埋深达到 3000~4000m；古地热场属于正常古地热场范畴，页岩有机质受热温度及演化程度缓慢增高，有机质演化作用服从深成变质的规律，有机质 R_o 值逐渐增大，由 0 上升至 0.6%~1.3%。在生气方面，由生物气阶段演化至湿气中期，产生了大量烃类气体，为储层有机质第一次生气作用阶段（图 6-3、图 6-4）。

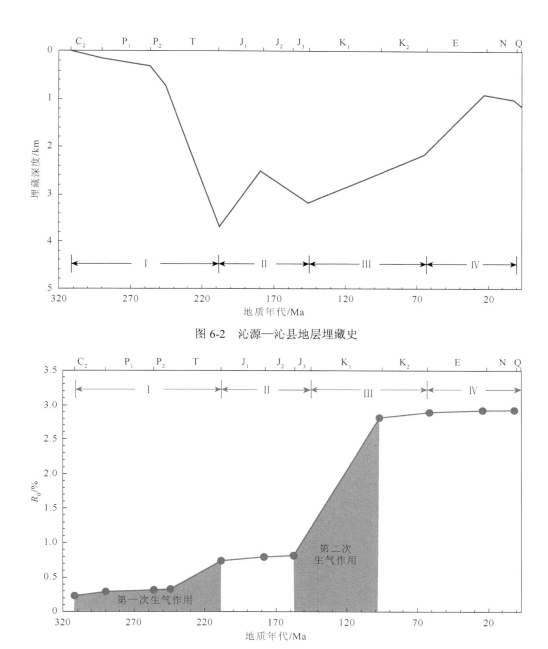

图 6-2　沁源—沁县地层埋藏史

图 6-3　沁源—沁县地区目的层有机质成熟度演化史及生气史

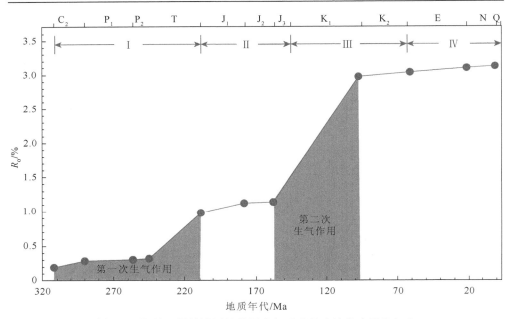

图 6-4　阳城—翼城地区目的层有机质成熟度演化史及生气史

　　第Ⅱ阶段属于燕山运动早期，地壳在相对稳定的背景下有所波动，为稳定和波动交替时期，此阶段目的层埋深始终处于 2000m 以下，所受地热场温度亦处于波动状态，此阶段有机质演化几乎没有进展或进展较小，有机质生气作用不强烈，仅有少量烃类气体生成。

　　第Ⅲ阶段为燕山运动中期，地壳处于构造隆起状态，为埋深显著减小阶段，但在这个时期，由于燕山运动中期岩浆热事件的作用，目的层受热温度达 170～280℃，古地温梯度普遍超过 6℃/100m，大地热流密度普遍大于 96mW/m²，表现出异常古地热场的典型特征，使得有机质热演化程度得到大幅度提高，R_o 值达到 1.3%～4.2%。其中盆地北部 R_o 值为 2.0%～3.0%，中部地区 R_o 值为 2.0%～2.5%，盆地边缘为 1.3%～1.5%，南部为 3.0%～4.0%。此阶段研究区目的层有机质演化程度与现今基本一致，反映现今研究区目的层有机质演化程度定型于燕山运动早期的早白垩世。在生气方面，此阶段由湿气中期演化至干气期，释放出大量甲烷，为储层有机质第二次生气阶段（图 6-3、图 6-4）。

　　第Ⅳ阶段为燕山运动晚期—喜马拉雅运动，目的层呈持续抬升，至喜马拉雅运动晚期地层基本稳定或略有沉降或抬升，本阶段研究区沉积盖层的现代地温梯度在 2.03～3℃/100m，大地热流值密度为 62～75mW/m²，表明研究区在新生代处于正常地热场作用之下，由于古低温梯度减小，目标层埋深变浅，故该段页岩有机质演化不会得以进展。

　　分析可知，太原组页岩有机质的成熟演化主要发生在第Ⅰ阶段和第Ⅲ阶段

（图 6-5）。在第 I 阶段，随着地层埋藏到 3000～4000m，页岩有机质演化达到成熟阶段，最大镜质组反射率 R_o 值一般为 0.6%～1.3%，早期以生物成因气为主，R_o>0.5%后热解气少量生成，利用 CBM-SIM 数值模拟软件模拟 15#煤底部页岩演化过程中的生气变化可知（图 6-5），含气量在晚二叠世达到 1.0cm³/g 以上，在地层的沉积埋藏时气体保存与逸散并存，三叠纪末期含气量约为 1.3cm³/g。第III阶段，由于构造热事件的作用，太原组目的层受热温度达 170～280℃，页岩有机质热演化程度大幅度提高，R_o 值为 2.0%～2.5%，南部晋城一带达到 3.0%～4.0%，裂解成因气大量生成，含气量最大值达 8.9cm³/g，但同时形成大量气胀裂隙，CH_4 开始逸散（运移），含气量逐渐减少；白垩纪开始，研究区地层遭受抬升剥蚀，在上覆地层厚度变小与构造裂隙的双重作用下，气体散失量较大，但目前页岩埋藏在 1000m 以下，其泥页岩的含气量约在 2.5cm³/g。

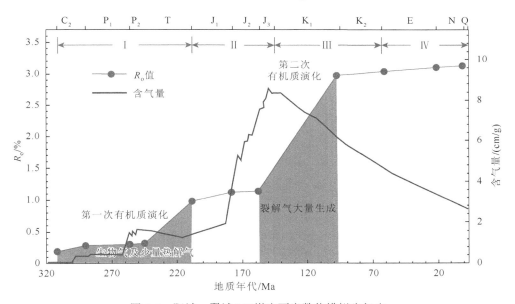

图 6-5 阳城—翼城 15#煤底页岩数值模拟生气史

第二节 页岩气保存史

页岩气藏的保存情况取决于最后一次生烃作用之后，目的层抬升情况，如果目的层抬升幅度太大，上覆地层太小，不能形成较好的封盖作用，则会造成气体的大量逸散。目的层在最后一次生烃作用之后，被抬升至距地表最近时期的上覆地层的厚度称为有效地层厚度。

根据沁水盆地沉积埋藏史可知，石炭—二叠系目的层地层在三叠纪末期或侏罗纪末期埋深达到最大，地层温度最高，为其最后一次生烃作用时期。此后在沁水盆地大部分地区，目的层于新近纪抬升至地面最近，在研究区内晋中断陷、寿阳和屯留地区，于古近纪抬升至地面最近，因此在沁水盆地大部分地区，有效地层为新近纪时上覆地层厚度，晋中断陷、寿阳和屯留地区有效地层厚度为古近纪时上覆地层厚度。结合沁水盆地沉积演化史及沁水盆地现今地层可知，研究区目的层的有效地层厚度为上石盒子组、下石盒子组、石千峰组、三叠系、侏罗系、白垩系残留地层厚度。

沁水盆地目的层上覆有效地层厚度一般为0～3000m，其中盆地中心上覆有效地层厚度较大，向盆地边缘递减（图6-6）。盆地中心上覆有效地层厚度均大于1000m，气体保存条件较好，边缘一般小于600m，气体保存较差，不宜作为有利区。

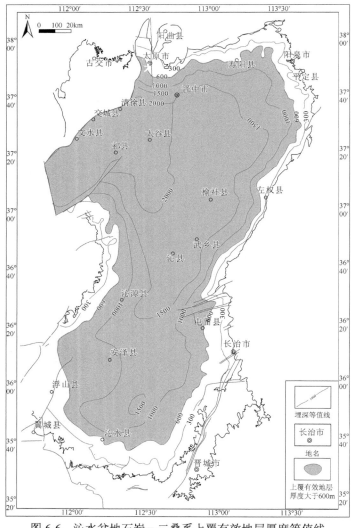

图6-6　沁水盆地石炭—二叠系上覆有效地层厚度等值线

第七章　海陆交互相页岩气评价体系

由于南方海相页岩地层研究较为详细，其储层相对单一、厚度较稳定，同时海相页岩气开发实践广泛，相对评价工作较容易，页岩气资源评价体系也相对比较完整。但由于海陆交互相页岩气地质工作尚处于起步阶段，相比于海相页岩气地质特征，海陆交互相页岩有着沉积环境不稳定、单层厚度偏小、区域分布不稳定、垂向岩性变化大、有机质类型差异较大、有机质含量变化大等特点，鉴于海相与海陆交互相页岩气地质特征的较大差异，不能将海相页岩气评价体系直接用于评价沁水盆地等海陆交互相页岩，本次研究将针对海陆交互相页岩地质特征，同时参考海相页岩的评价体系，从页岩的生烃特征、储层特征、页岩气成藏机理与后期保存条件等方面建立适合海陆交互相页岩气的评价体系。

第一节　生　烃　条　件

海相页岩生气条件的评价指标一般为 TOC 含量、有机质成熟度（R_o）、有机质类型等（Burnaman et al.，2009；Jarvie，2005；张金川等，2008a）。海相页岩气单层厚度大，一般大于 30m，巴尼特页岩有效厚度为 30~180m（Shelton，2009），四川盆地龙马溪组页岩厚度为 20~100m（邹才能等，2010），且垂向岩性变化小，区域分布稳定，平均 TOC、有机质成熟度、有机质类型等指标容易进行定量评价，并已经获得了页岩气产能；而海陆交互相煤系地层页岩具有垂向岩性变化大，单层厚度小，常夹有煤层等特点，TOC 含量和有机质类型变化大，没有现成的评价指标，且属于探索、评价阶段，没有页岩气产能并参考，因此应在实践中不断积累和提炼。

一、有机碳（TOC）

沁水盆地煤系地层包括煤、泥岩、砂岩、灰岩等多种富含有机质的烃源岩，不同的岩性有机碳含量差异较大。

页岩中所夹煤层其有机质含量高，生烃能力强，所形成的煤成气在后期大量运移至煤层附近的页岩、砂岩、粉砂岩中，是页岩气中极好的补充气源，鄂尔多斯榆林气田、塔里木气田均为煤型气气田（付金华等，2005；戴金星，2000），鉴于煤层较强的生烃能力及作为极好补充气源的作用，因此页岩层系中所夹的煤层也应该纳入页岩生烃能力的评价。

所夹灰岩：海陆交互相页岩系统中常夹薄层泥灰岩及泥晶灰岩，泥灰岩也有一定的 TOC 含量及生烃能力（傅家谟，1981；黄志龙等，2003），并且傅家谟在将碳酸盐岩作为生油岩进行研究时，将碳酸盐岩的有机碳评价标准降低为 0.1%，但往往碳酸盐岩的 TOC 含量很低，生烃能力远不及泥页岩（傅家谟，1981），因此，碳酸盐岩相对而言不利于体系的生烃。

据黄志龙研究华北地区古生界碳酸盐岩有机质丰度数据结果（表 7-1），华北地区石炭系碳酸盐岩中有机质丰度为 0.085%～0.128%（黄志龙等，2003）。综合以上分析结果，本次研究中将碳酸盐岩 TOC 丰度统一记为 0.11%，纳入加权平均TOC 的计算。

表 7-1　华北地区石炭纪碳酸盐岩有机质含量（据黄志龙等，2003）

样品层位	有机质平均含量/%	样品数/个	岩性	沉积环境
C_{2f}	0.087	53	灰岩、云岩	开阔海
C_2	0.085	30	角砾灰岩	滩间海、浅滩
C_{2g}	0.088	66	透镜状灰岩	潮坪
C_{2z}	0.125	134	鲕粒灰岩	滩间海、浅海
C_{2x}	0.12	71	页岩，砂岩/粉砂岩夹灰岩	陆屑、局限海
C_{1mz}	0.113	29	页岩夹鲕粒灰岩	滩间海、点滩
C_{1m}	0.113	46	泥页岩夹灰岩	潮坪、点滩
C_{1x}	0.128	37	燧石云斑灰岩	开阔海

鉴于上述，针对沁水盆地的海陆交互相加权平均计算：

$$加权平均TOC = \frac{\sum 各段页岩TOC \times 相应厚度 + \sum 各煤层厚度 \times C含量 +}{总厚度}$$

$$\frac{0.11 \times 所夹灰岩厚度 + \sum 各段砂岩TOC \times 相应厚度}{总厚度}$$

美国海相页岩有利区评价体系及中国南方页岩有利区评价体系均将 TOC 含量大于 2% 作为有机质丰度的评价标准，参考《页岩气资源潜力评价方法与有利区优选标准操作手册》（讨论稿）及《页岩气资源/储量计算与评价技术规范》（DZ/T 0254—2014），并结合沁水盆地海陆交互相页岩地球化学特征，本次研究将海陆交互相页岩气有利区有机质丰度评选标准定为：TOC 含量大于 2.0%，在资源量计算时，TOC 下限值为 1.0%。

二、有机质类型及有机质成熟度

相比于海相页岩干酪根类型以Ⅰ型、Ⅱ型为主，海陆交互相页岩干酪根类型以Ⅱ,Ⅲ为主，不同类型干酪根的生气能力不同，Ⅰ型干酪根 HI 很高，成熟时倾向于生油，Ⅱ型干酪根 HI 较高，生成石油和天然气，Ⅲ型干酪根 HI 低倾向于生成天然气，因此海陆交互相页岩有利区有机质成熟度评选标准应有别于海相页岩有利区有机质成熟度的评选标准。海陆交互相页岩有机质（Ⅱ型、Ⅲ型）刚进入成熟阶段时，就能大量生成气态烃，其生气门限远低于海相（Ⅰ型、Ⅱ型）页岩，所以海陆交互相页岩有利区评选标准对于成熟度的要求应低于海相页岩。

美国五大盆地海相页岩有利区成熟度 R_o 的评选标准一般为大于 1.2%（Xia et al.，2009），此阶段Ⅰ型干酪根和Ⅱ型干酪根生油量开始降低，生气量逐渐增加，而对于Ⅲ型干酪根自进入低成熟期开始（$R_o > 0.5\%$）就以生气为主（图 7-1），鉴于此，认为海陆交互相页岩有机质 R_o 值大于 1.0%，其生气量就达到有利区评选标准，本次研究将 R_o 值 > 1.0% 作为海陆交互相页岩有利区有机质成熟度的评选底界，资源量计算时 R_o 值起算标准也定为 1.0%。

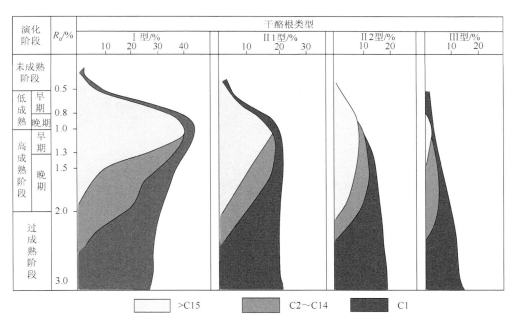

图 7-1 中国陆相生油岩成烃模式（据杨万里等，1981 年）

第二节 储层条件

海陆交互相页岩储层体系具有单层厚度小，常与砂岩/粉砂岩互层、夹有煤层等储层特点，因此在海陆交互相页岩有利区评价时要对这些问题进行进一步的研究讨论，一般而言，页岩储层体系由以下几个方面进行评价，即页岩体系厚度、埋深、孔隙度、渗透率、页岩矿物成分及脆度、构造裂隙、页岩面积。

一、页岩厚度

根据海陆交互相页岩沉积环境不稳定特点，在页岩厚度方面分总厚和分层厚度两个方面进行讨论。

（一）总厚

据美国页岩气开发经验，海相页岩厚度应在 30m 以上（张金川等，2004），Barnett 页岩的最佳厚度为 300ft（90m），Haynesville 页岩最佳地层厚度为大于 150ft（45m）（Burnaman et al.，2009）。

由于海陆交互相沉积环境的不稳定，页岩体系在垂向上岩性变化，常与砂岩/粉砂岩互层，为保证体系中暗色泥岩所占的比例，在此引入"泥地比"这一评价指标。以沁水盆地上古生界含煤岩系为例，海陆交互相页岩体系中泥地比一般为60%左右，页岩发育较好的地区体系总厚最大值在 30m 左右，在《页岩气资源潜力评价方法与有利区优选标准操作手册》（讨论稿）中也将"泥地比大于60%，单层泥岩厚度大于 5m 且连续厚度不小于 30m"作为一个厚度方面的评价指标之一，因此在本次研究中，海陆交互相页岩有利区总厚评价标准定为：在中间有夹层的情况中，泥地比大于 60%，且连续厚度不小于 30m。

（二）页岩单层厚度

海陆交互相页岩沉积环境不稳定，页岩单层厚度很少大于 30m，而呈现砂岩/粉砂岩与页岩互层的状态，如果泥岩的单层厚度较薄，一方面烃源岩厚度不够，生气量不足，另一方面不能形成稳定的储集层，因此单层页岩需要达到一定厚度。

张大伟（2012）、张金川等（2012）在研究陆相和海陆交互相页岩时，将页岩单层厚度下限设定为 6m，《页岩气资源潜力评价方法与有利区优选标准操作手册》（讨论稿）中将 5m 作为单层厚度的下限，结合沁水盆地等海陆交互相页岩的具体实际，本次研究认为以 6m 为页岩单层厚度下限较为合适。

（三）砂岩/粉砂岩、灰岩夹层厚度上限

当海陆交互相页岩体系中所夹砂岩/粉砂岩或灰岩达到一定厚度时，常常会作为含水层存在，如果页岩体系中夹有含水层，在后期开发过程中，大量水的存在会导致压裂排产的失败，同时砂岩/粉砂岩和灰岩有机质含量低，生气量少且不利于吸附气体的存在，因此，应对页岩体系中砂岩/粉砂岩、灰岩夹层厚度设定一上限值，当砂岩/粉砂岩或灰岩夹层厚度大于此上限值后，页岩体系应该分开两层进

行评价。

当砂岩厚度大于 3m、灰岩厚度大于 1m 时，一方面砂岩、灰岩的有机质含量太低，另一方面也有可能具有良好含水量，鉴于此，本次研究将砂岩/粉砂岩厚度小于 3m，灰岩厚度小于 1m，作为海陆交互相页岩体系中夹层的评价标准。

（四）页岩体系泥地比

页岩体系中泥地比为泥页岩累计厚度与地层总厚度比值，虽然鉴于海陆交互相页岩体系的自身特点，允许一定量的夹层存在，但是如果砂岩/粉砂岩、灰岩夹层量太多，体系中含气层位可能不再连续，不再符合页岩气自生自储连续型气藏的特点，因此要对体系中泥页岩的含量设定下限，根据相关实验数据，当体系泥地比小于 0.6 时，即页岩在整个体系中所占比例不到 60%时，储层将会出现含气层位不连续的情况，因此本次研究将泥地比＞0.6 作为海陆交互相页岩气有利区的评选标准。

二、页岩埋深

美国商业开发成功的七大页岩盆地的深度为 150～4000m（Burnaman *et al.*, 2009），4000m 为目前经济最大有效深度（张金川等，2008）。

埋深对页岩气成藏与开发的影响主要有以下几点：

（1）在目的层埋藏深度较浅时，储层埋藏深度对页岩气藏的最主要的影响在于对气体的保存作用，当页岩储层埋深大于 1000m 时其对页岩的保存即可达到很好的效果，且随着埋深继续增大，对气藏的保存作用将基本不变。

（2）目的层页岩含气量随埋深的变化而变化，当埋深超过 1000m 时，储层中吸附气含量随埋深的增大呈轻微减小趋势，而游离气含量随埋深的增大而增大，且增加幅度较大，基本与随埋深的增大呈线性递增的趋势，总体而言，随着埋深的增大，页岩储层中页岩气含量呈增大趋势。

（3）随着埋深的增大，开发成本亦呈增加趋势，因此从商业开发角度而言，所开采的页岩气储层的埋深不宜过大，一般而言 4000m 为埋深的顶界。

综上所述，考虑到页岩埋深对页岩气藏保存、储层含气量、勘探开发成本的影响作用，本次研究将研究区有利区埋深范围定为 1000～3500m，资源量计算起算埋深为 1000m。

三、孔隙度与渗透率

海相页岩及海陆交互相页岩的孔隙度和渗透率值相近，均很低，孔隙度范围一般为 0.5%～6%，渗透率范围为 0.001～0.00001mD（Burnaman *et al.*, 2009），因此，页岩气在开发过程中均需要进行压裂改造，因此对页岩孔隙度和渗透率暂不做下限要求。

页岩孔隙度和渗透率越大，一方面有利于气体的存储，增大含气量，另一方面有利于提高页岩气的采收率，虽然此次研究对页岩孔隙度和渗透率不做下限要求，但在其他评价指标相近的情况下，对于孔隙度和渗透率较为理想的地区可作为勘探开发的重点地区。

四、矿物成分及脆度

海陆交互相页岩及海相页岩的矿物成分均为以黏土矿物（伊蒙混层、高岭石及伊利石）、石英、长石、黄铁矿、菱铁矿、重晶石，方解石等为主，页岩的成分决定着页岩储层的脆度，这在后期页岩气的压裂开发过程中非常重要，目前页岩脆度常以石英和方解石总含量来进行表征，北美页岩储集层的石英含量常接近于50%（陈尚斌等，2011b）。

如果拥有合适含量的脆性矿物，将有利于页岩气的后期开发，北美页岩气商业开发成功地区的脆性矿物含量一般为 20%～75%（Ross and Bustin，2007）。对于海相页岩气开发中脆性矿物下限值标准，不同学者有着不同观点，Wylie 等（2007）认为适合于商业开发页岩的脆性矿物含量应该在 35%以上，Rimrock Energy 则认为海相页岩脆性矿物含量门限值为 25%，而目标区脆性矿物含量应大于 40%（侯读杰，2012）。相比海相页岩，海陆交互相页岩脆性矿物含量相对较低，结合海陆交互相页岩自身储层的特征，并参考《页岩气资源/储量计算与评价技术规范》（DZ/T 0254—2014），本次研究认为，海陆交互相页岩脆性矿物的下限标准为 30%。

五、压力梯度

对于页岩储层来讲，最佳的压力梯度应该在 10kPa/m 以上，但也不应该太高，因为太高的压力梯度会给后期的钻井开发带来很多困难（Burnaman，2009），美国五大盆地海相页岩气压力梯度一般为 3～12kPa/m，对于海陆交互相页岩储层而言，其压力梯度一般为 1.5～10.5kPa/m，在此范围内，压力梯度越大越好。

六、含气量

页岩含气量主要由吸附气量和游离气量构成。在页岩气勘探初期，往往没有页岩含气量的实测数据，此时可以由储层的朗缪尔体积、地应力、孔隙度、有机质丰度因素等进行推测。

参考《页岩气资源潜力评价方法与有利区优选标准操作手册》（讨论稿）及《页岩气资源/储量计算与评价技术规范》（DZ/T 0254—2014），本次研究将海陆交互相页岩有利区含气量评选标准定为 $1m^3/t$。

第三节　保　存　条　件

一、构造

适量的构造裂隙发育部位可增加页岩中的裂隙，进而增大储层的渗透率，但对于构造非常复杂的地区，断层，特别是张性断层的存在，将成为页岩气逸散的通道，不利于页岩气的保存，因此在选择页岩气有利区时，一般应避开构造特别复杂的部位，选择构造相对稳定的地区。

二、地层埋藏史

在目标层页岩最近一次生烃作用发生之后，构造作用尤为重要。如果抬升幅度较大，上覆地层剥蚀过于严重，页岩储层被抬高、甚至被剥蚀，导致储层中页岩气逸散，使页岩处于页岩气逸散带，页岩的含气量大幅度降低，虽后期页岩被又一次埋深，但页岩中的气含量不会有所增加。因此在页岩有利区评价时，不仅要考虑现今上覆地层的厚度，更应考虑地质历史时期中最后一次生烃作用发生之后，页岩储层的埋藏历史研究。

张建博等（2000）在研究大城地区煤层气赋存状况时发现，当有效厚度（地质历史时期中，气体生成后上覆地层最小厚度）大于 200m 时，储层中的煤层气才有勘探开发价值。但对于页岩储层而言，其有效厚度应远大于该值，从地史时期角度，考虑页岩气体的保存与逸散，储层最佳有效厚度数值应大于其"拐点"深度。研究表明，沁水盆地的"拐点"深度介于 650~1000m，本次研究中将页岩储层有效厚度定为大于 650m。

综合以上生烃、储层及保存三个条件，建立海陆交互相评价标准，如表 7-2 所示。

表 7-2　海陆交互相有利区页岩评价标准一览表

	评价项目	海相评价标准（参考）	海陆交互相评价标准
生气条件	TOC	平均值>1.5%	加权平均值>2.0%
	有机质成熟度	R_o>1.2%	R_o>1.0%
	有机质类型	Ⅰ、Ⅱ型为主	Ⅱ、Ⅲ型为主

续表

评价项目		海相评价标准（参考）	海陆交互相评价标准
储层条件	地层总厚度	≥30m	≥30m（泥地比＞0.6）
	单层厚度	—	≥6m
	泥地比	—	＞0.6
	砂岩/粉砂岩夹层厚度	—	＜3m
	灰岩夹层	—	＜1m
	孔隙度	—	—
	渗透率	—	—
	含气性	＞1m³/t	＞1m³/t
	矿物成分	—	—
保存条件	构造	一定发育，但不能过于发育	构造相对简单，断层褶皱有一定的发育，但不能过于发育，地层倾角＜25°
	地层埋藏史	—	地史上覆地层有效厚度大于650m

第八章 页岩气资源潜力评价

第一节 页岩气资源评价方法与参数取值

本次研究中页岩气资源评价主要依据《页岩气资源/储量计算与评价技术规范》（DZ/T 0254—2014，2014 年 4 月 17 日发布，2014 年 6 月 1 日实施）。

页岩气资源系泥、页岩层系中赋存的天然气总量，包括吸附气、游离气、溶解气，当页岩层段中不含原油时则无溶解气地质储量，鉴于沁水盆地石炭—二叠系页岩层段为海陆交互相页岩，其中不含原油，因此其页岩气地质储量为吸附气地质储量与游离气地质储量之和。

根据《页岩气资源/储量计算与评价技术规范》（DZ/T 0254—2014），本次研究中沁水盆地页岩气资源评价方法为静态法，计算公式为

$$G_z = 0.01 \cdot A_g \cdot h \cdot \rho_y \cdot C_z \qquad (8-1)$$

$$C_z \approx C_x + C_y \qquad (8-2)$$

式中，G_z 为页岩气总地质储量（亿立方米），A_g 为含气面积（km²），h 为有效厚度（m），ρ_y 为页岩密度（t/m³），C_z 为页岩气总含气量（m³/t），C_x 为吸附含气量（m³/t），C_y 为游离含气量（m³/t）。

由上述页岩气资源量计算方法可知，页岩气计算参数主要包括了页岩含气面积、厚度、游离含气量、吸附含气量、泥页岩密度。

1. 有效面积

估算不同类型的资源量，需按照不同的有效面积进行计算，即根据相应类型圈定的区域面积进行计算。研究区地层较为平坦，仅西北及东南部构造活动带和褶皱带对石炭—二叠地层造成影响，但地层倾角变化不大，因此以平面面积代替经倾角校正的真面积，作为有效面积计算。

2. 页岩有效厚度

本书第四章第一节中详细绘制了研究区目的层页岩四个层段的泥页岩厚度等值线图（图 4-15（a）～（d）），在此基础上，按泥页岩厚度每隔十米划分为一个区块，以每个区块为单位，取区块的平均厚度，分区块分别进行资源量计算，整个研究区总的资源量为各区块资源量之和。

3. 泥页岩密度

岩石密度实测可分真密度和块体视密度两种，本次研究选取 5 个不同层位的

泥页岩,采用密封法,仪器型号 MDMDY-350 进行,参照国标 GB/T 23561.2—2009 和 GB/T 23561.3—2009,测试结果如表 8-1 所示。由于泥页岩孔隙度较小,二者差异不大,在资源量计算时一般采用块体密度,即视密度。

表 8-1 泥页岩测试密度统计

样品号	层位	块体密度/(g/cm³)	真密度/(g/cm³)
SJ-2	第Ⅰ层段	2.65	2.73
SJ-14	第Ⅰ层段	2.63	2.70
YT-22	第Ⅱ层段	2.59	2.73
SJ-44	第Ⅲ层段	2.63	2.65
YT-40	第Ⅳ层段	2.59	2.78
平均值	—	2.62	2.72

根据综合研究结果,本次研究泥页岩密度取值如下:第Ⅰ层段页岩密度为 $2.64t/m^3$;第Ⅱ层段页岩密度为 $2.59t/m^3$;第Ⅲ层段页岩密度为 $2.63t/m^3$;第Ⅳ层段页岩密度为 $2.59t/m^3$。

4. 页岩气含量

如第五章所述,页岩气含量主要由吸附气含量与游离气含量组成。吸附气由等温吸附实验测得,游离气可由储层孔隙度、埋深、压力梯度、温度梯度根据理想气体状态方程求得。含气量受埋深影响较大,本次研究中在资源量计算时采用在厚度分块的基础上,取每一区块埋深平均值作为此区块的埋深,以此求得本区块的平均含气量,进而计算本区块的资源量。

第二节 沁水盆地页岩气潜在资源量计算

一、沁水盆地页岩气潜在资源量起算标准

页岩气潜在资源量起算标准的制定要充分考虑当前页岩气赋存富集理论、研究区目的层页岩气地质条件、国内外页岩气开发技术现状及未来发展趋势,起算标准过低将导致研究区资源潜力评价太低,遗漏大量可开发资源;起算标准过高将导致研究区资源潜力评价太高,造成资本、设备等不必要的投入。

页岩气潜在资源量起算标准主要考虑研究区目的层的有机质含量、有机质演化程度、厚度、埋深四个因素,这四个因素决定了页岩气的生成、储集及保存。

　　《页岩气资源潜力评价方法与有利区优选标准操作手册》（讨论稿）中建议海相页岩储层厚度起算标准为 6m，但沁水盆地海陆交互相页岩系统中常含有大量砂岩等夹层，且页岩气为自生自储的连续型气藏，页岩储层本身也有封盖作用，若厚度太低将会造成大量气体的逸散，鉴于以上原因，本次研究认为《操作手册》中建议起算标准不适合本次研究，应将厚度的起算标准提高至 10m。此外综合考虑页岩气赋存富集理论、开发技术现状及沁水盆地自身地质条件，同时参考《页岩气资源/储量计算与评价技术规范》（DZ/T 0254—2014），本研究将 TOC、R_o 和埋深的起算标准分别定为大于 1.0%、0.7% 和大于 600m。

二、沁水盆地页岩气潜在资源量计算

　　根据体积法，分四个层段对研究区厚度大于 10m、埋深大于 600m、TOC＞1.0%、R_o 值＞0.7% 的页岩储层进行页岩气的资源量计算，其他计算过程中的参数取值如前文所述，计算结果如表 8-2 所列。

表 8-2　沁水盆地上古生界页岩气资源量计算表

层段	厚度范围/m	面积 A/km^2	资源量 Q/（$\times 10^8$m^3）
第Ⅰ层段	10～20	1073.92	495.97
	20～30	6546.51	5296.97
	30～40	6508.03	7317.45
	40～50	6.34	6.61
小计	—	—	13 117.00
第Ⅱ层段	20～30	1994.68	1715.06
	30～40	2781.75	2693.87
	40～50	4524.93	6117.50
	50～60	6232.45	10 327.37
	60～70	808.9	1453.31
	70～80	146.03	265.32
小计	—	—	22 572.42
第Ⅲ层段	10～20	5382.15	2694.21
	20～30	7357.47	5225.57
	30～40	2873.64	2795.44
	40～50	633.64	816.09
	50～60	220.82	338.23
小计	—	—	11 869.54

续表

层段	厚度范围/m	面积 A/km²	资源量 Q/（$\times 10^8$m³）
第Ⅳ层段	10～20	1822.15	744.67
	20～30	5306.67	3293.46
	30～40	4753.14	4284.31
	40～50	1689.2	1962.44
	50～60	1936.43	2590.86
	60～70	313.54	496.18
	70～80	364.32	611.45
小计	—	—	13 983.37
资源量总计	61 542.33（$\times 10^8$m³）		

　　研究区石炭—二叠系四段暗色泥岩页岩气潜在资源总量为 6.15×10^{12}m³（表8-3）。第Ⅰ层段页岩气潜在资源量为 1.31×10^{12}m³，其中泥页岩厚度大于 30m 的区域页岩气资源量为 0.73×10^{12}m³，第Ⅱ层段页岩气潜在资源量为 2.26×10^{12}m³，泥页岩厚度大于 30m 区域页岩气资源量占层段总资源量的 92.4%，第Ⅲ层段页岩气潜在资源量为 1.19×10^{12}m³，泥页岩厚度大于 30m 的区域页岩气资源量为 0.22×10^{12}m³；第Ⅳ层段页岩气潜在资源量为 1.40×10^{12}m³，泥页岩厚度大于 30m 的区域页岩气资源量为 0.75×10^{12}m³。

表8-3　研究区各厚度范围页岩气资源量统计表

厚度/m	资源量/（$\times 10^8$m³）	所占比例/%
10～20	3934.85	6.39
20～30	15 531.06	25.24
30～40	17 091.07	27.77
40～50	8902.64	14.47
50～60	13 256.46	21.54
60～70	1949.49	3.17
>70	876.77	1.42
总计	61 542.33	100

　　研究区四个层段页岩气资源量中第Ⅱ层段资源量最大，占总资源量的 37%（图8-1，图8-2），其余三个层段页岩气资源量相近，第Ⅰ层段资源量最小，占总资源量的 19%。

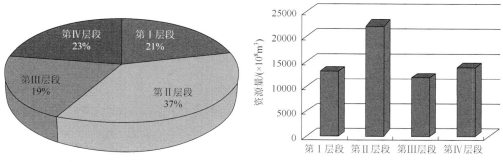

图 8-1　研究区各层段页岩气资源量百分比　　　图 8-2　研究区各层段页岩气资源量柱状图

　　研究区四个层段泥页岩中,泥页岩厚度在 30~40m 范围的页岩气资源量最高,为 $1.71 \times 10^{12} m^3$,占总资源量的 27.77%,其次为 20~30m 范围,占总资源量的 25.24%。泥页岩厚度在 20~60m 范围内的页岩气资源量占总资源量的 89.02%。

第九章 页岩气有利区优选及资源量计算

页岩气成藏具有自生、自储、自封闭等特殊性，故页岩气的富集区和优选参数也不同于常规油气，现阶段发现的大型页岩气藏主要集中于盆地中心偏斜坡处和克拉通盆地，这也为沁水盆地寻找有利页岩气藏奠定了理论基础。页岩气有利富集区的优选综合考虑了多种因素，以北美页岩气为例，有利富集区优选参数主要包括富有机质页岩的有效厚度、有机碳含量、成熟度、脆性矿物、黏土矿物、物性、含气量等，优选过程应结合页岩气成藏地质特征，不同环境下形成的页岩气藏各个因素的下限存在差异。

第一节 页岩气有利区优选

本次页岩气有利区优选主要基于海陆交互相页岩气评价体系，考虑沁水盆地页岩气地质条件与成藏特征，结合北美和中国南方海相页岩气的优选标准及应用实例。

根据第七章所讨论的海陆交互相页岩气评价体系，结合沁水盆地页岩气地质条件与成藏特征，本次研究将研究区目的层有利区优选标准定为：①富有机质页岩系统厚度大于30m；②储层埋深为1000~3500m；③TOC>2.0%；④R_o>1.0%；⑤有利区位置处于构造稳定区范围内。

综合页岩厚度、埋深、含气量、有机质丰度、有机质演化程度、沁水盆地页岩稳定区等指标，分四个层段对研究区各区块进行评定、筛选，进而划分出研究区页岩气有利勘查区（图9-1）。

研究区第Ⅰ层段有利区面积较小且分散（图9-1（a）），有利区位置位于寿阳县东南松塔镇附近、沁源县、沁水县东北部等地，总面积共1496.89km²。第Ⅰ层段页岩气有利区主要受泥页岩厚度与有机碳含量的制约，北部地区泥页岩厚度大，但有机碳含量较小，大部分地区低于2.0%，中部及南部地区有机碳含量高但厚度小，较差的地质配置使得第Ⅰ层段有利区面积较小且分散分布。

第Ⅱ层段泥页岩厚度大且有机质丰度高，各页岩气地质配置均较好，有利勘查区面积为8420.31km²，其中泥页岩厚度在50m以上的有利区面积为4529.92km²，为研究区页岩气勘探开发最优层段（图9-1（b））。

第Ⅲ层段页岩气有利区主要位于寿阳县的南部及平遥县的西部和北部，东南部长治碾张地区有零星发育。第Ⅲ层段页岩气有利区范围主要受泥页岩厚度制约，中部与南部地区泥页岩厚度均在30m以下；北部地区页岩气各地质配置较好，此层段页岩气有利区总面积为1854.44km²（图9-1（c））。

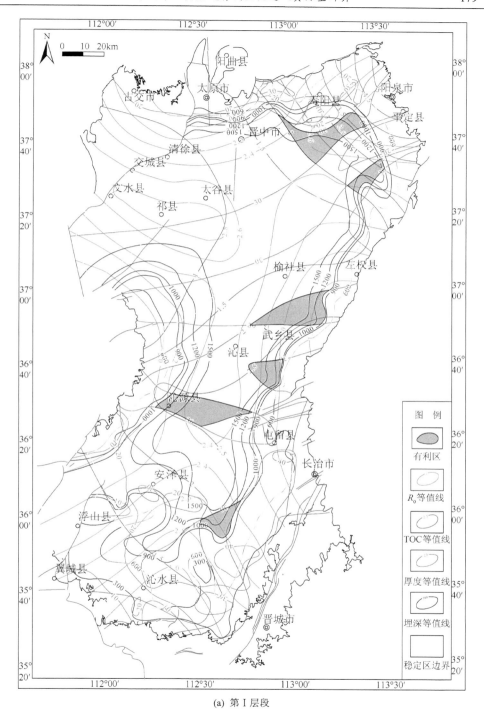

(a) 第 I 层段

图 9-1 研究区上古生界页岩气有利区（见彩图）

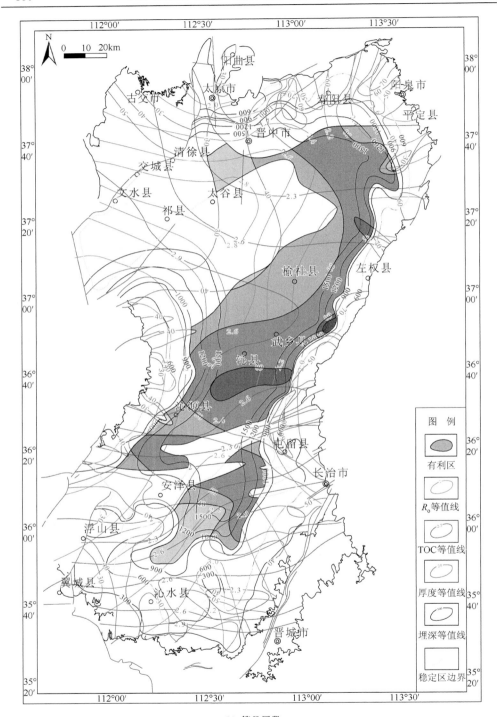

(b) 第Ⅱ层段

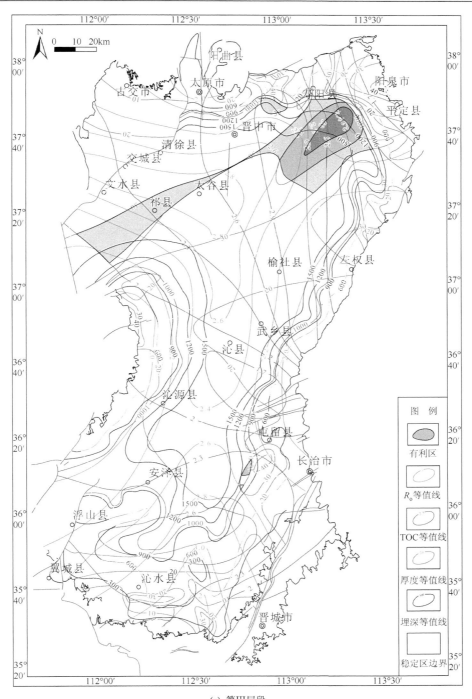

(c) 第Ⅲ层段

图 9-1（续）

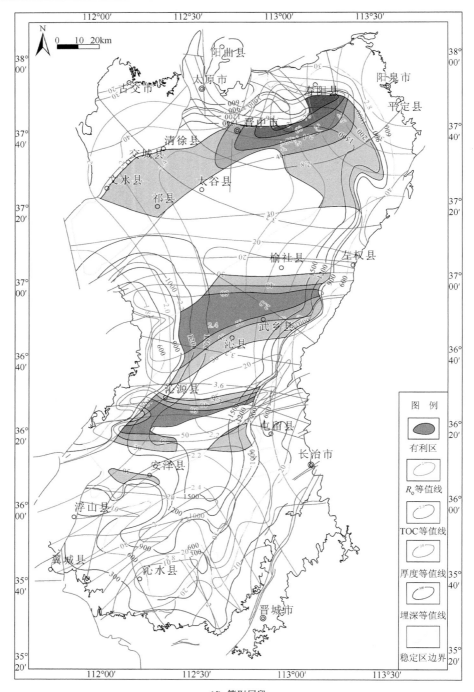

(d) 第Ⅳ层段

图 9-1（续）

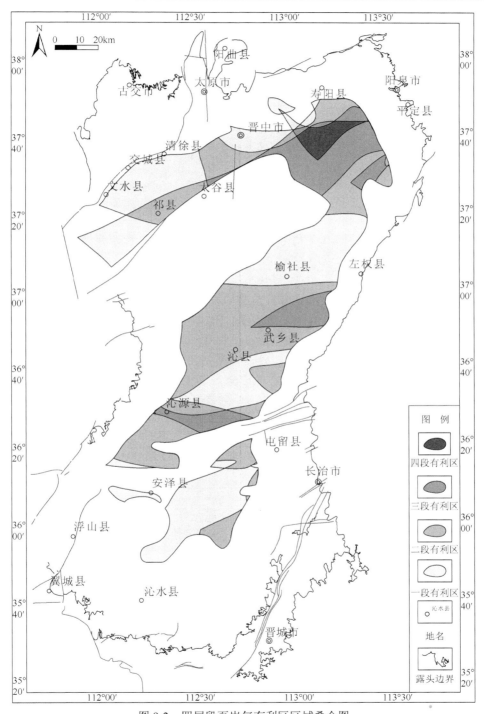

图 9-2　四层段页岩气有利区区域叠合图

第Ⅳ层段泥页岩发育也较好，有利区位置主要位于研究区北部与中部地区，总面积为 6550.43km^2。有利区范围受控于构造稳定性与泥页岩厚度，研究区南部泥页岩厚度一般在 30m 以下，使得南部地区没有页岩气有利区。研究区北部有利区范围广且泥页岩厚度大，有利于页岩气的富集与开发（图 9-1（d））。

图 9-2 为四个层段页岩气有利区叠合图，颜色越深代表此区域页岩气有利区层段越多，页岩气勘探开发潜力越大。盆地东北部寿阳东南、晋中一带及武乡、沁县、沁源县一带页岩气有利区层段多，页岩气资源丰度大，可作为优先开发区域。

第二节 页岩气有利区资源量计算

根据海陆交互相页岩气有利区评价标准选取各个资源量计算参数，结合泥页岩有效厚度、地化特征、含气性特征及埋深等空间展布规律，估算整个沁水盆地四套煤系地层页岩气潜在资源量。其中 TOC 以 2.0%为下限，泥页岩厚度下限为 30m，埋深下限为 1000m，其余参数均按照前文分析取值，分别圈出沁水盆地四套煤系地层的潜在页岩气含气区，资源量计算结果如表 9-1 所示，整个沁水盆地上古生界泥页岩所含页岩气有利区资源量 $2.33\times10^{12}m^3$，其中第Ⅰ层段页岩气有利区资源量为 $0.16\times10^{12}m^3$，第Ⅱ层段页岩气有利区资源量为 $1.21\times10^{12}m^3$，第Ⅲ层段页岩气有利区资源量为 $0.22\times10^{12}m^3$，第Ⅳ层段页岩气有利区资源量为 $0.75\times10^{12}m^3$（表 9-1，图 9-3）。

表 9-1 沁水盆地上古生界页岩气有利区资源量估算表

层段	厚度范围/m	面积 A/km^2	资源量 Q/($\times10^8$m^3)
第Ⅰ层段	30~40	1496.89	1570.60
小计	—	—	1570.60
第Ⅱ层段	30~40	830.39	906.50
	40~50	2664.00	3944.22
	50~60	4453.95	6350.20
	60~70	444.73	842.82
	70~80	27.24	51.81
小计	—	—	12 095.54
第Ⅲ层段	30~40	1093.74	1165.15
	40~50	539.90	715.65
	50~60	220.80	338.21
小计	—	—	2219.00

续表

层段	厚度范围/m	面积 A/km^2	资源量 Q/($\times10^8$m^3)
第IV层段	30~40	3475.57	3272.75
	40~50	1232.07	1487.40
	50~60	1569.07	2243.52
	60~70	183.18	296.04
	70~80	90.54	156.78
小计	—	—	7456.48
资源量总计		23 341.63（$\times10^8$m^3）	

在各层段中，第II层段有利区资源量在有利区资源总量中所占比例最大，达52%，其次为第IV层段，所占比例为32%，第I层段、第III层段所占比例均较小，分别为7%、9%（图9-4）。

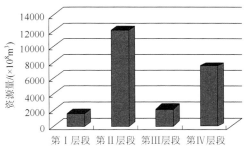 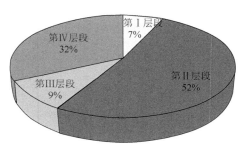

图9-3　各层段有利区资源量柱状图　　　　图9-4　各层段有利区资源量所占比例

第II层段页岩气有利区资源量大，且泥页岩系统厚度大、含气量大、脆性指数相对较高，应作为研究区页岩气重点开采层位。

第三节　页岩气核心区优选

为在页岩气有利区中进一步选取重点勘查区块，确定页岩气试验井位置，本次研究从有利区内优选出各层段页岩气核心区（图9-5），在页岩气核心区内页岩气资源丰度更大，勘探成功率高，形成页岩气高产井的可能性更高。

页岩气核心区的选取是在页岩气有利区标准基础上提高了页岩储层埋深及储层厚度的研究，具体为：①富有机质页岩系统厚度大于40m；②储层埋深为1500~3500m；③TOC大于2.0%；④R_o大于1.0%；⑤有利区位置处于稳定区范围之内。

沁水盆地页岩气核心区中第II层段面积最大，其次为第IV层段，第III层段仅有一小块面积，第I层段无核心区。在区域上，核心区主要分布于盆地中部及北部。

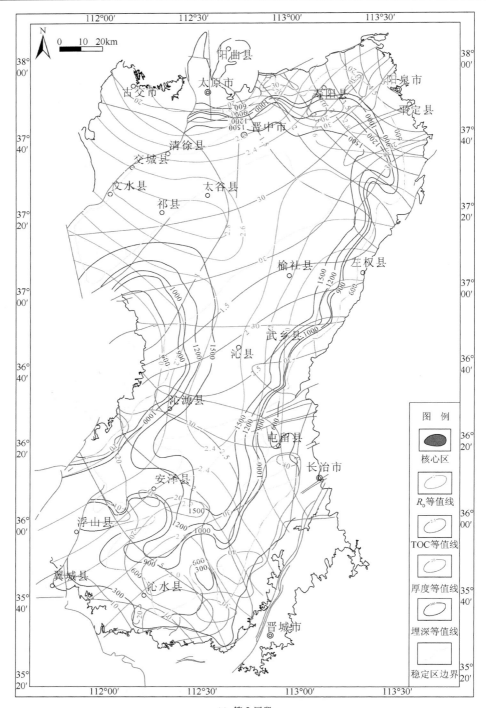

(a) 第Ⅰ层段

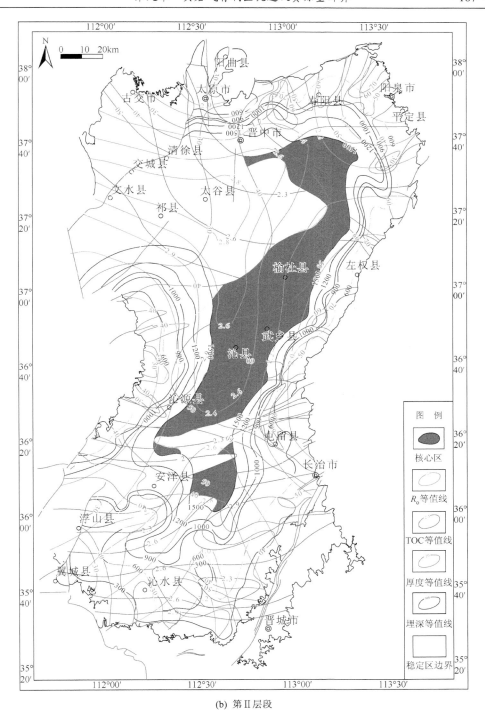

(b) 第Ⅱ层段

图 9-5 页岩气核心区分布图（见彩图）

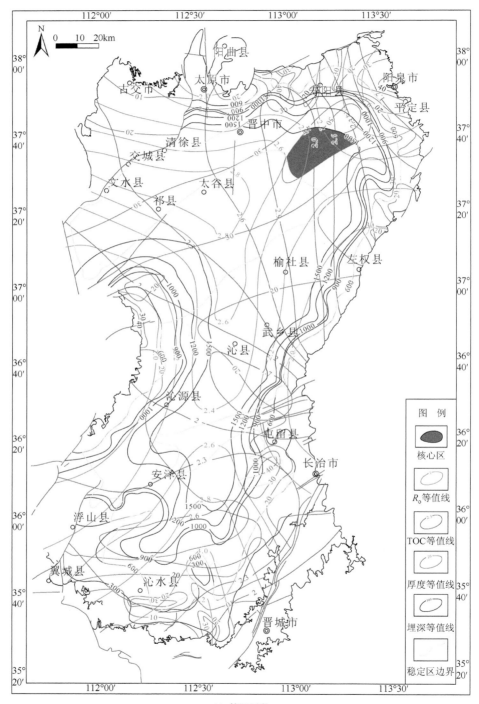

(c) 第Ⅲ层段

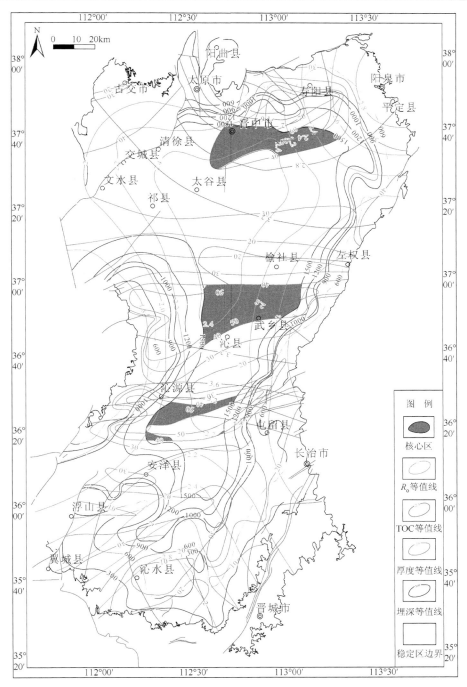

(d) 第Ⅳ层段

图 9-5（续）

第十章 页岩气-煤层气共探共采

页岩气和煤层气均为非常规天然气，二者都是连续气藏，有着自生自储的特征，均存储于其储层（煤层、页岩）的孔裂隙之中。沁水盆地同时拥有丰富的煤层气储量与页岩气储量，煤层气与页岩气资源量分别为 $5.39×10^{12}m^3$、$6.15×10^{12}m^3$，且二者气藏层位相邻，气源相互补充。对于煤层气而言，当埋深大于 1200m，其产能迅速下降。页岩与煤层均为低孔、低渗非常规天然气储层，二者在后期开发过程中均需要水力压裂。页岩气-煤层气的共探共采可将页岩储层、煤储层共同压裂，同时形成页岩气流通与煤层气流通的人工裂隙。因此实现煤层气与页岩气共探共采一方面将解决深部煤层气的开采难题，另一方面将极大地节约非常规气的勘探开发成本，同时亦有巨大的环保意义与能源战略价值。

沁水盆地具有开发价值的煤层气储层与页岩气储层均为石炭—二叠系地层，二者层位相邻或呈互层状产出，鉴于煤层气与页岩气藏的叠置性，许多专家学者提出了页岩气与煤层气共探共采的概念（琚宜文，2011；陈尚斌，2011；孟召平等，2013），但对于研究区页岩气-煤层气共探共采的可行性如何、如何划分共探共采体系、如何进行页岩气-煤层气的共同勘探与共同开发，目前尚无可靠理论方法与实际依据。

本次研究将从沁水盆地煤层气与页岩气的地质特征、富集规律、勘探开发方法等方面探讨煤层气与页岩气的共探共采的理论可行性与勘探开发方式。

第一节 煤层气、页岩气基本地质概况

沁水盆地为我国煤层气勘探开发最为成功的地区，具有详细的煤层气地质资料。研究区煤层气主要开发层位为山西组 3#煤层与太原组 15#煤层，其中 3#煤层开发效果较好，15#煤层因靠近奥陶系灰岩，开发效果较差，目前不能取得较好的经济收益。3#煤层厚度一般为 1～7m，具有一定的区域性分布规律，厚煤区位于东南部的阳城—晋城—屯留一带和西北部介休附近，厚度大于 5m，在北部沁县—榆社—西南部古县—安泽一带，煤层厚度较薄，仅 1～2m，全区煤厚变化总趋势是东、南部厚而向西北方向变薄。15#煤厚亦为 1～7m，煤厚变化呈现南北厚和中部薄的趋势。沁水盆地 3#煤、15#煤镜质组最大反射率分布于 1.38%～4.79%，从焦煤到无烟煤均有分布，但以贫煤和无烟煤为主。3#煤与 15#煤含气量呈现为"南高北低、东高西低、东南最高"的总体展布，3#煤含气量一般为 4.30～16.26m³/t（无水基，下同），15#煤的含气量一般为 4.93～

22.14m³/t。煤储层孔隙度一般为 1.5%～8.0%，平均为 4.5%，孔隙结构以微孔和小孔为主、大孔次之、中孔很不发育，气体成因为热成因气为主；3#煤与 15#试井煤渗透率变化范围一般为（0.01～5.71）×10⁻³μm²，二者渗透率平均值基本相当，均在 0.5×10⁻³μm² 左右，前者略高于后者，目前所开采的煤层气储层埋深一般为 600～1000m。

　　研究区石炭—二叠系暗色泥页岩可划分为四个层段（如前文所述），第Ⅰ层段厚度一般为 20～40m，第Ⅱ层段泥页岩厚度在 20～70m，大部分区域泥页岩厚度大于 30m，第Ⅲ层段页岩厚度较小，一般在 10～40m，大部分地区泥页岩厚度为 10～30m，第Ⅳ层段泥页岩厚度变化较大。盆地北部页岩厚度在 40～80m，中部地区一般为 30～50m，南部的大部分地区页岩厚度降至 10～25m。有机质类型为Ⅲ型，TOC 含量一般为 1.5%～5.0%，R_o 值为 1.45%～3.65%，有机质处于高成熟至过成熟阶段，矿物成分以黏土矿物、石英、长石、方解石、白云石、黄铁矿为主，其中黏土矿物含量最高，平均值可达 53.8%，石英含量为 28%～42%，孔隙度一般在 1.0%～2.0%，渗透率在 0.000 14～0.014 21mD。不同样品泥页岩最大吸附量值差距较大，靠近煤层的碳质页岩吸附量一般在 3m³/t 以上，而距离煤层较远的暗色泥岩最大吸附量一般处于 0.5～1.9m³/t。本次研究认为页岩气勘探开发有利区的页岩储层埋深处于 1000～3500m 范围内。

第二节　煤层气与页岩气成藏机理

　　煤层气与页岩气是非常规天然气藏的两种重要类型，煤层气是指赋存于煤层中，以甲烷为主要成分、以吸附态为主存在于煤基质颗粒表面、部分游离于煤孔隙中或溶解于煤层水中的烃类气体（《煤层气资源/储量规范（2002）》），页岩气是指以游离态或吸附状态在暗色泥页岩、高碳泥岩中"原地"成藏的天然气聚集体（张金川等，2003），在我国尚处于前期探索和准备阶段。

　　煤层气和页岩气成藏均具有自生、自储、自保的特点，但是由于煤层与页岩在物质组成、储集物性、产气方式上有很大的不同，两者在成藏条件、成藏机理上存在较大差异，煤层气具有典型的吸附成藏机理，而页岩气具备多重气藏的成藏特征，通过分析煤层气与页岩气在气体来源、储层特性、封盖条件等方面的差异性，对比研究两者的成藏机理。

一、成藏条件对比

（一）气源成因对比

煤层气伴随着煤化作用而生成，成因类型包括原生生物成因、次生生物成因、热成因以及生物成因和热成因的混合成因。原生生物气形成于煤化作用早期，次生生物气是由微生物的次生作用而成，可形成于褐煤—焦煤阶段中的任何阶段；热成因气包括热催化降解作用形成的热解气和对已生成烃类或沉积有机质的热裂解而形成的裂解气。

页岩气的成因类型和煤层气相似，也包括生物成因、热成因和混合成因三种类型（图 10-1）。生物成因气从页岩沉积形成初期就开始生气，是有机质在未成熟—低成熟度或低变质阶段经细菌、微生物等对其降解、代谢生成的烃类气体，生气量随着热演化程度的增高逐渐降低。页岩生物成因气有机质演化的温度为 $10\sim60℃$，$R_o\leq0.4\%$，而煤层气的生成温度一般小于 $50℃$，$R_o\leq0.3\%$。

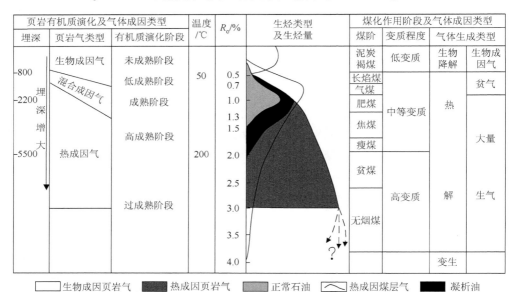

图 10-1 页岩气及煤层气演化模式及类型对比（据邵珠福等（2012）修改）

热成因型页岩气生成有利的 R_o 范围是 $1.1\%\sim3.0\%$（Ross and Bustin，2007），超过 3.0% 以后，页岩储层同样具有良好的储集性能和吸附能力（程鹏等，2013），如南方海相筇竹寺组页岩层（$R_o=3.0\%\sim4.5\%$），但是否继续产气有待深入研究。随着热演化程度的增大，煤层气在高温（$>50℃$）和高压下，有机质逐渐由低变质转为高变质，形成低煤阶煤层气藏、中煤阶煤层气藏和高煤阶煤层气藏。

（二）储集条件对比

煤层气储集在煤层及其碎屑岩夹层中，煤厚达到 $0.7\sim4.5m$ 即对煤层气的富集、开发有利（房德权和宋岩，1997）；页岩气以泥页岩及其内部的薄层砂质岩为主要储集介质，页岩有效厚度下限为 15m，厚度只有达到 30m 以上才具有工业开采价值。

两种气藏的储集层都具有低孔低渗的特点，孔隙度、孔容和孔径大小与分布以及渗透率大小均影响气体的赋存形式。页岩储层较为致密，有效孔隙度一般为1%～5%，渗透率值一般为（0.0001～1.000）×$10^{-3}\mu m^2$；煤储层的孔隙度总体相对较大，孔隙度大小与煤阶有关，变化在2%～25%，渗透率大多小于$1.0\times10^{-3}\mu m^2$。

煤和页岩储层的孔隙结构均以微孔和小孔为主（许浩等，2005），研究区煤储层中微裂隙多以长度小于300μm，宽度小于5μm的裂隙为主（姚艳斌等，2010），而泥页岩微裂隙以长度0.5～3mm，宽度20～100μm为主，比煤岩裂隙大，裂隙形态为一条主干裂隙，少部分发育树枝状及羽状（图10-2）。

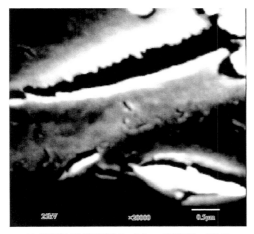

(a) 煤储层，裂缝宽度0.2～0.5μm (据陶树，2012)　　　　　　　　(b) 页岩储层，裂缝宽度

图 10-2　煤及页岩储层扫描电镜照片

（三）圈闭条件对比

煤层气主要以吸附态分布在煤岩内部，吸附气量可达总含气量的90%～95%，页岩气也同样自生自储于页岩系统内部，主要以游离态和吸附态存在，通常位于盆地的沉降-沉积中心处，气藏的分布均受控于源岩的分布，范围近似于源岩的分布范围，不需要常规油气中的圈闭条件。

（四）封盖条件对比

页岩属致密层，其本身就是页岩气藏良好的盖层，不需要其他岩性的介质作为盖层。而煤层气藏的形成需要良好的盖层条件，封盖岩层将不同煤层分隔成各自独立的系统，使吸附态甲烷较长时间地保存在煤岩中，减少气体的溶解和散失。

除上述4个条件外，煤层气与页岩气在成藏上还有其他的相似和差异性，如表10-1所示，综合气藏形成的各个阶段的影响条件，才能判断气藏的成藏特征。

二、成藏机理对比

（一）煤层气成藏机理

煤层气属典型的吸附成藏机理，有利的成煤环境沉积了厚度大且连续稳定的煤层，构成了煤层气成藏的物质基础；煤岩较大的表面积为气体吸附提供了充足的附着空间，气体生成后即以吸附态赋存于煤岩体表面，吸附达到饱和后气体才以游离态存在于煤基质孔隙/裂缝中，沿裂缝由深部向浅部运移，遇到物性变差、煤层尖灭或封闭性断层时发生滞留聚集，或少量溶解于孔隙水中。煤层气的赋存及成藏过程与煤化程度、地温和压力有关，服从能量守恒定律及动力平衡原则（秦勇，2012），当外界温度和压力发生变化时，煤层中的气体赋存状态即随之改变，但吸附气、游离气和溶解气三者之间处于动态平衡。而且，煤层气藏不需要圈闭的控制，只要封盖条件好，构造稳定持续时间长，就能形成自生自储的独立气藏。

不同变质程度的煤层气藏，成藏机理也有所差异。低煤阶煤层气藏的形成具有持续性，以生物气为主，煤层形成后一般只经历一次抬升，地下水的补给、运移和径流对气藏的调整和改造起了决定性作用；而高煤阶煤层气藏的形成呈现明显的阶段性，存在二次生烃，以热成因气为主，受岩浆热变质作用和地下水作用影响较大（李景明等，2006）。处于中等变质程度的中煤阶煤层气藏以热成因甲烷气为主，还可能含有次生生物气。

（二）页岩气成藏机理

页岩气成藏在垂向上往往与煤层气、根缘气和常规气的叠置成藏，在成藏过程中首先满足页岩气/煤层气成藏，运移的烃类形成根缘气成藏，进一步运移形成常规气成藏（图 10-3）。煤层气与页岩气成藏机理的对比见表 10-1。

页岩气生成早期，由生物作用产生的页岩气先满足页岩有机质和黏土矿物表面的吸附，达到饱和后，多余的气体以游离和溶解态进行运聚，该阶段与煤层气成藏机理相似。页岩气的吸附以物理吸附为主，吸附能力的大小与页岩的孔隙结构有关，页岩的双重孔介质结构、裂缝和较大的比表面积对气体的吸附起到了至关重要的作用；游离态的页岩气存在于孔隙或裂缝中，气体含量取决于页岩内自由的空间——孔隙度和孔隙体积，此外还受温度和气体压力的影响；溶解态气体含量一般很小，通常在气体总量计算中可忽略不计。

随着页岩生气过程的继续，在裂解气大量生成后，高密度的有机质部分转换成较低密度的烃类气体，导致原有地层压力逐渐形成高压，致使沿页岩的薄弱面产生小规模裂缝（气胀裂缝），附之构造裂缝，页岩气开始在裂缝中以游离态运移

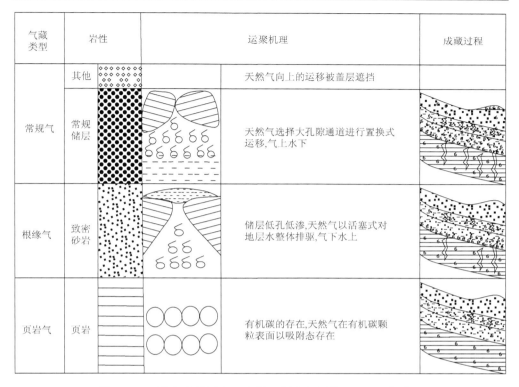

图 10-3　天然气成藏过程示意图（据张金川等（2004）修改）

表 10-1　煤层气与页岩气成藏机理对比

对比类型	煤层气藏	页岩气藏
物质基础	煤层，厚度 0.7~4.5m，分布广，富含有机质，形成于煤化作用	页岩，有效厚度>15m，低—高成熟度主产生物气，高—过成熟产热成因气
储集特征	存在于煤岩微孔隙及微裂缝中，裂缝决定渗透率	泥页岩及其内部的薄层砂质岩，具有低孔低渗特征
排烃、运移、聚集	以吸附气为主，含少量游离气和溶解气；运移距离短—无；原地聚集	主要以吸附相、游离相形式存在；运移距离短-无；原地聚集
封盖和圈闭	"圈闭"在煤层微孔隙中，部分扩散至周围的砂岩中成藏	自身封盖，无特定圈闭，气藏范围近似于生气源岩面积
压力特征	多具有异常低压，有利于增大气体的吸附能力	多具有异常低压，也有异常高压
分布特征	克拉通盆地及前陆盆地，构造斜坡带或埋藏适中的向斜带	盆地边缘斜坡，盆地古沉降-沉积中心

聚集，构成了类似于根缘气成藏的挤压造隙式的运聚成藏特征，因此，页岩气藏中烃类气体以吸附机制与高压封闭机制共存。

　　沁水盆地石炭—二叠系地层中煤层和暗色泥页岩紧邻或相近发育，经历了相同的沉积埋藏史、受热生烃史和构造演化史，形成了页岩气-煤层气共同成藏的复合成藏体系（图10-4）。在以往的煤层气勘探中，研究区煤层、泥岩和砂岩中均出现了气测显示现象，但由于泥岩和砂岩的单层厚度薄或岩性过细而被忽略了其开采的价值性。由于页岩系统中含有同样产气的薄煤层（<0.8m），生成的烃类气体在薄煤层中成藏，形成煤层气，但煤层形成的 CH_4 较多，多余的气体会就近运移并保存在邻近的富有机质泥页岩中，可以作为页岩气藏的另一个气源来源，丰富了页岩气成藏。

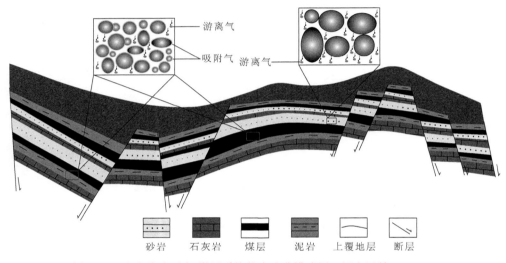

图 10-4　沁水盆地页岩-煤层系统共生成藏模式图（梁宏斌等，2011）

　　页岩气的赋存状态在受热生烃演化过程中呈动态变化。研究区石炭—二叠系泥页岩自晚石炭世生物气生成以来，先满足页岩中有机质和黏土矿物表面的吸附，达到吸附饱和后随着气量不断增加气体发生扩散和运移，在基质孔隙和裂缝系统中以吸附、游离和溶解三种状态存在，在一定的温压条件下，吸附气与孔裂隙间游离气可相互转化，但总体处于一个动态平衡之中。后期的构造演化改变了页岩层的原始温压条件，当温度升高、压力降低时，有机质及黏土矿物表面的吸附气发生解析并向游离气转化，使得游离气含量增大，且含气饱和度升高，而当温度降低、压力升高时，在缺少气源补充的情况下，游离气沿着连通的裂隙网络向上覆地层运移逸散，含气饱和度会逐渐降低，造成页岩含气量在地层抬升过程中逐渐减少。

　　由于海陆交互相煤系中页岩气的气源不单一，与煤层邻近的页岩储层不仅存储了由富有机质页岩生烃形成的原生页岩气藏，在后期构造改造过程中还保存了逸散的煤层甲烷气。揭示了沁水盆地石炭—二叠系含煤地层中，煤层与页岩共同生气后烃类气体在储层间的运移，以及不同相态之间的转化，形成了页岩气-煤层气共同成藏的复合成藏模式，页岩气藏类型属于原生—改造型。

理论上来说，煤系既可作为常规天然气的气源岩，又可以吸附在煤层与页岩层里形成煤层气与页岩气。这些泥页岩层、煤层、致密砂岩储集层可能由于单层厚度较薄，单独开发的经济性存在疑问，但是由于这些地层往往在空间上存在相互叠置的特点，总的资源量较为可观，进行多层的联合开发可能具有更高的经济效益。

第三节　煤层气-页岩气共探共采体系划分

在页岩气与煤层气共探共采中会产生人工裂隙沟通煤层气藏与页岩气藏，若煤层气藏与页岩气藏不属于统一能量体系，二者气藏连通后会导致层间干扰，气藏能量会发生层间的转移，从而影响非常规天然气生产。因此，在联合共采中，煤层气-页岩气能力体系是否一致，是实现共采的先决条件。在共探中需要研究煤层气藏与页岩气藏能量体系，并进行体系的划分。

能量体系中，储层空间叠置性、气藏特征是最重要的两个因素。储层空间叠置性要求页岩气藏与煤层气藏紧邻，即煤储层与页岩储层相邻，二者储层间不能存在厚度较大的砂岩隔层或灰岩隔层。沁水盆地 3#煤上覆及下伏岩层主要为页岩储层，第Ⅰ层段页岩、3#煤、第二层段页岩，三者紧邻，有利于煤层气-页岩气的共探共采（图10-5）。而15#煤顶板为 K_2 灰岩，若 K_2 灰岩厚度较大，则上覆的页岩气藏与煤层气藏可能不再属于一个气体压力系统，不利于煤层气与页岩气的共采。

在气藏特征方面，主要是储层压力、含气饱和度和流体压力系统等组合，相邻的储层之间这些特征差异太大，则不适合划归一个系统。同一气藏能量体系，应该是储层压力相近、气藏之间有烃类物质交换、同处一流体压力系统，并相邻成藏。而流体压力系统往往可以用地下水流体场来表征，因此，地下水流体场相同与否，可能是划分不同体系的重要参考指标。研究区石炭—二叠系含水层主要为灰岩岩溶水及砂岩裂隙水，隔水层为泥页岩、砂质泥岩等，隔水性强。沁水盆地复向斜从翼部至轴部，含水层埋藏深度由浅入深，地下水径流由活动变为滞缓，矿化度逐渐增高，在平面上存在明显分带特征。在纵向上，太原组灰岩较为发育，15#煤上覆的 K_2 灰岩含水性强，在部分构造发育的地区 K_2 灰岩地下水与奥灰水相连通，因此不能将第Ⅲ层段与15#煤划分为一个共探共采系统。

因此，针对煤系地层中常有页岩气藏与煤层气藏的空间叠置性，合理地划分共探共采系统，将更有利于煤系非常规天然气的勘探开发。初步的研究揭示，第

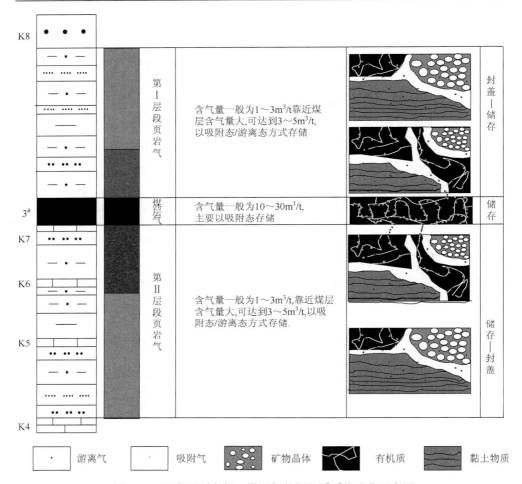

图 10-5　研究区页岩气、煤层气共探共采系统成藏示意图

Ⅰ层段泥页岩与3#煤、薄煤层可以作为一个系统；第Ⅱ层段泥页岩夹薄煤层可作为另一个系统；15#煤、Ⅳ层段的泥页岩与薄煤层可作为第三个系统，进行更加深入的共探共采系统研究。

第四节　煤层气-页岩气共探共采方式

一、煤层气、页岩气共探共采有利区评价标准

（一）埋藏深度

　　煤层气-页岩气共探共采有利区埋深的确定需要综合考虑煤层气藏与页岩气藏，当体系埋深小于 1000m 时，此时页岩气藏含气量很低，为共探共采体系所能

提供的气量很少，开采的经济效益不及单独进行煤层气藏的开采，不适合进行页岩气-煤层气的共探共采。

当体系埋深大于 1000m 时，页岩气藏、煤层气藏均具有较大的含气量，同时此阶段的煤储层渗透率迅速降低，单独开采煤层气藏很难取得较好的经济效益，进行页岩气-煤层气的共探共采工作，将系统中煤层气藏与页岩气藏共同开发出来，即可取得较好的经济效益，亦能充分利用非常规天然气资源。

（二）储层厚度

研究区煤层气、页岩气共探共采有利区优选一方面要保证储层的含气量，然后应考虑煤层气、页岩气开采成本。

研究区含煤地层中煤层与暗色泥岩有机质演化程度均为高成熟至过成熟阶段，煤层与页岩内均有大量的热成因气生成，煤层中所生成的气量远大于储层所能存储的气量。在页岩中，当泥页岩源岩中有机质丰度达到一定量才能保证储层中的甲烷气体的含量，如前文所述，当 TOC＞2.0%时，可达到有利区的评选标准，因此在煤层气、页岩气共探共采系统有利区评选时，页岩源岩中 TOC 值也应大于 2.0%。

煤层气-页岩气共探共采系统的厚度是保障非常规气产量的基础。考虑到煤层气藏、页岩气藏在气体赋存状态、存储气体能力等方面的较大差异，在讨论煤层气、页岩气共探共采系统厚度时应将系统中煤储层厚度与页岩储层厚度分开讨论。在煤层气勘探开发中，当煤层厚度小于 4m 时即为较差的储层，不利于煤层气的成藏，因此在共探共采体系有利区标准中煤储层的厚度亦尽量大于 4m。鉴于煤层巨大的含气量，煤层气-页岩气共探共采系统中有利区评选标准中可降低页岩储层的厚度，但为保证页岩气藏、煤层气藏均得到较好的封盖作用，泥页岩厚度不能过低。综合各气藏的成藏机理与沁水盆地煤层气、页岩气的地质特征，本次研究将泥页岩厚度下限定为 20m。

表 10-2 为沁水盆地煤层气和页岩气共探共采有利区的评选条件。

表 10-2　沁水盆地煤层气、页岩气共探共采有利区评选条件

指标	煤储层	页岩储层
厚度	＞2m	总和＞20m
埋深	1000～3500m	1000～3500m
TOC	—	＞2.0%

二、煤层气、页岩气共探共采系统开采模式的讨论

页岩气与深部煤层气储层的低孔低渗性决定了在其开发过程中均需要采用水

平井和水力压裂技术，煤层气与页岩气的共探共采工作可充分利用同一套钻井及水平压裂工艺，进而减少开采成本。在煤层气与页岩气共探共采中，水平井应该打到距离煤层较近的页岩储层中，水力压裂效果达到在页岩储层、煤储层中均有一定数量的压裂裂隙，进而使得煤储层与页岩储层中的气体通过压裂裂隙进行气体交换（图 10-6）。

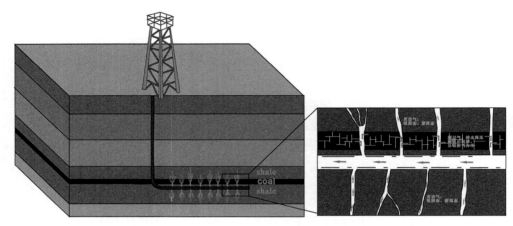

图 10-6　页岩气、煤层气共探共采开采模式示意图

第十一章　结论与建议

第一节　主　要　结　论

（1）沁水盆地石炭—二叠纪含煤地层是主要的页岩气产气层，为一套陆表海碳酸盐台地沉积、潟湖沉积和陆表海浅水三角洲沉积，从石炭纪到二叠纪为一海退序列，期间有多次小型海进海退，形成一整套连续的海陆交互相体系的地层。本溪组发育了以障壁岛-潟湖体系为主，间夹碳酸盐岩台地体系的一套沉积相组合；太原组为泥炭沼泽相向上演化为滨外碳酸盐陆棚相、障壁砂坝相、潟湖相及三角洲相，构成了若干个完整的次级海进—海退沉积序列，广泛分布浅海-潮坪灰岩相；山西期沉积时，下部以前三角洲潟湖环境为主，向上递变为三角洲平原—前缘的河口坝、分流河道和分流间湾等沉积。

（2）石炭—二叠纪含煤地层在全区发育良好，厚度整体变化较大，一般介于100～200m，在盆地周边有露头分布，盆地内部有钻井钻遇，岩性主要为砂岩、砾岩、碳质泥岩、砂质泥岩、粉砂岩等。暗色泥页岩主要发育在本溪组铁铝岩至下石盒子组底部，按照标志层重新划分了四个层段，其中第 I 层段为 3#煤顶部到 K_8 底部，第 II 层段为 K_4 顶部到 3#煤底部，第 III 层段为 K_4 底部到 15#煤顶部，包含 K_2～K_4 三层灰岩；第 IV 层段为 15#煤底部到铁铝岩顶部。在区域上第 I 层段页岩厚度为 6.7～68.5m，大部分区域厚度处于 20～40m。第 II 层段页岩厚度在所划分四个泥页岩层段中最大，一般为 20～70m，大部分区域泥页岩厚度大于 30m，由西至东呈递加趋势，沁县、左权、屯留长治一带页岩厚度均在 50m 以上。第 III 层段页岩厚度较小，一般在 10～40m，大部分地区泥页岩厚度为 10～30m。第 IV 层段页岩厚度整体由北向南递减的趋势，在盆地北部晋中—寿阳一带，页岩厚度在 40～80m，盆地中部地区页岩厚度在 30～50m，盆地南部的大部分地区页岩厚度降至 10～25m。

（3）页岩气源岩地球化学特征方面，沁水盆地上古生界四个层段暗色泥页岩富含有机质，露头样泥页岩 TOC 值总体分布于 0.26%～12.87%，钻孔样总体分布于 0.18%～23.12%，绝大多数泥页岩 TOC 含量均在 1.5%以上。第 I 层段 TOC 含量平均为 2.33%，在平面上呈东部大，向西部递减的趋势，研究区西北及西南地区 TOC 值最小，均在 1.5%以下；在东北部寿阳一带，TOC 值达到最大；第 II 层段 TOC 含量平均为 2.44%，中部及南部 TOC 值普遍高于北部，TOC 最高值在阳城地区；第 III 层段 TOC 含量平均为 2.15%，本段 TOC 值在研究区内变化不大，绝大多数地区 TOC 值处于 2%～3%；第 IV 层段 TOC 含量平均为 2.40%，呈现出中部大、南北两侧小的特点，TOC 最大值位于沁源—襄垣附近。有机质类型以Ⅲ型为主。泥页岩成熟度基本都处于 1.8%～2.5%范围内，部分样品中泥页岩 R_o 达到 3.0%，平均为 2.33%，大部分已经进入干气窗内，生成大量的热成因甲烷。

（4）页岩气储层特征方面，四个层段泥页岩主要含有黏土矿物、石英、长石、方解石、黄铁矿和重晶石等矿物，黏土矿物含量最高，平均可达 53.8%，其次为石英含量，均值为 33.9%，四段泥页岩的脆性系数大部分均位于 28%以上。泥页岩孔裂隙较发育，孔隙有有机质孔、脆性矿物及黏土矿物粒内孔、粒内溶蚀孔、黄铁矿晶间孔和粒间孔等类型，泥页岩总孔容都分布在 0.00～0.01ml/g，平均值为 0.009ml/g；孔隙度介于 1.0%～2.0%，近地表泥页岩的孔隙度较高，基本在 2.0%以上，1500m 以深基本低于 1.0%，且第Ⅳ层段泥页岩孔隙度比第Ⅰ、第Ⅱ及第Ⅲ层段小；孔隙直径主要介于 8～16nm，最大可达 34.55nm，总孔比表面积平均为 9.39m^2/g。泥页岩最大吸附量介于 0.440～4.734m^3/t，平均为 1.46m^3/t。

（5）海陆交互相页岩气沉积环境变化快，垂向岩性变化大，页岩单层厚度偏小，区域分布不稳定，有机质含量变化大，对比海相与海陆交互相页岩气地质特征的差异，针对海陆交互相页岩地质特征，从页岩的生烃特征、储层特征、页岩气成藏机理与后期保存条件等方面，初步建立了海陆交互相页岩气的评价体系。

（6）研究区石炭—二叠系四段暗色泥岩页岩气潜在资源总量为 6.15×10^{12}m^3。第Ⅰ层段页岩气潜在资源量为 1.31×10^{12}m^3，第Ⅱ层段页岩气潜在资源量为 2.26×10^{12}m^3，第Ⅲ层段页岩气潜在资源量为 1.19×10^{12}m^3，第Ⅳ层段页岩气潜在资源量为 1.40×10^{12}m^3。

（7）划分出了海陆交互相页岩气有利区评选标准，优选出了研究区页岩气有利勘查区。其中第Ⅰ层段有利区面积较小且分散，有利区位置位于寿阳县东南松塔镇附近、沁源县、沁水县东北部等地，总面积共 1496.89km^2。第Ⅱ层段泥页岩厚度大且有机质丰度高，各页岩气地质配置均较好，有利勘查区面积为 8420.31km^2。第Ⅲ层段页岩气有利区主要位于寿阳县的南部及平遥县的西部和北部，东南部长治碾张地区有零星发育，页岩气有利区总面积为 1854.44km^2。第Ⅳ层段泥页岩发育也较好，有利区位置主要位于研究区北部与中部地区，总面积为 6550.43km^2。

（8）整个沁水盆地上古生界泥页岩所含页岩气有利区资源量为 2.33×10^{12}m^3，其中第Ⅰ层段页岩气有利区资源量为 0.16×10^{12}m^3，第Ⅱ层段页岩气有利区资源量为 1.21×10^{12}m^3，第Ⅲ层段页岩气有利区资源量为 0.22×10^{12}m^3，第Ⅳ层段页岩气有利区资源量为 0.75×10^{12}m^3。

（9）研究区石炭—二叠纪含煤地层适合于煤层气、页岩气的共探共采。第Ⅰ层段、第Ⅱ层段、3#煤可作为一个共探共采系统，第Ⅲ层段、第Ⅳ层段、15#煤可作为一个共探共采系统。适合于共探共采的煤层气、页岩气储层埋深为

1000～3500m，开采方式为水平井，水力压裂，水平井位置为距离煤层较近的页岩储层中。

第二节　建　议

（1）沁水盆地上古生界四套暗色泥页岩目的层的沉积环境及厚度展布特征是根据收集的 200 余口煤田井资料整理分析的，主要针对有煤炭开采的区域，埋深较大的地区缺少钻探资料，对这些区域的研究成果需要进一步获取资料来佐证。

（2）建立的海陆交互相页岩气评价体系中各项参数指标，应尽快实施钻井工程和相关录井、测井及岩心测试分析工作，结合实际情况进行调整，确立适合研究区暗色泥页岩评价的参数值下限。

（3）综合运用项目实施单位资源，现场测试页岩气含气量值，在钻井实施和相关测试基础上，进一步研究页岩气成藏条件和特征，优化资源潜力计算方法，提高资源潜力计算精度，从而优选有利区。

（4）因缺乏钻井实测含气量数据及暂时未获取钻井现场的页岩储层孔隙和渗透率值，所得资源量为（远景）地质资源量，非可采资源量，且计算结果偏高，优选的页岩气富集有利区面积比实际区域大，应选择 1～2 个页岩有效厚度大（资源潜力大），下部有钻孔实施且地表条件较好的区域，立项进行较为精细的解剖和综合研究，以期为由点到面的推理和分析奠定基础。

（5）对海陆交互相页岩气成藏机理的研究尚浅，应加强与南方海相页岩气及煤层气、致密砂岩气成藏机理的对比，形成一套适用于沉积环境快速变化下的页岩气成藏模式，有助于山西全省页岩气资源潜力评价。

参 考 文 献

安晓璇，黄文辉，刘思宇，等.2010.页岩气资源分布、开发现状及展望[J].资源与产业，12（2）：103-109.

白振瑞.2012.遵义-綦江地区下寒武统牛蹄塘组页岩沉积特征及页岩气评价参数研究[D].博士学位论文.中国地质大学（北京）.

边瑞康，张金川.2013.页岩气成藏动力特点及其平衡方程[J].地学前缘，20（3）.

曹代勇，钱光谟.1998.晋获断裂带发育对煤矿区构造的控制[J].中国矿业大学学报，27（1）：5-8.

陈波，兰正凯.2009.上扬子地区下寒武统页岩气资源潜力[J].中国石油勘探，（3）：10-14.

陈波，皮定成.2009.中上扬子地区志留系龙马溪组页岩气资源潜力评价[J].中国石油勘探，（3）：15-19.

陈更生，董大忠，王世谦，等.2009.页岩气藏形成机理与富集规律初探[J].天然气工业，29（5）：17-21.

陈尚斌，朱炎铭，李伍，等.2011a.扬子区页岩气和煤层气联合开发的地质优选[J].辽宁工程技术大学学报（自然科学版），30（5）：672-676.

陈尚斌，朱炎铭，王红岩，等.2010.中国页岩气研究现状与发展趋势[J].石油学报，31（4）：689-694.

陈尚斌，朱炎铭，王红岩，等.2011b.四川盆地南缘下志留统龙马溪组页岩气储层矿物成分特征及意义[J].石油学报，（5）：775-782.

陈尚斌，朱炎铭，王红岩，等.2012.川南龙马溪组页岩气储层纳米孔隙结构特征及其成藏意义[J].煤炭学报，（3）：438-444.

陈世悦，刘焕杰.1995.华北晚古生代层序地层模式及其演化[J].煤田地质与勘探，23（5）：1-6.

陈新军，等.2012.页岩气资源评价方法与关键参数探讨[J].石油勘探与开发，（5）：566-571.

陈燕萍，黄文辉，陆小霞，等.2013.沁水盆地海陆交互相页岩气成藏条件分析[J].资源与产业，15（003）：68-72.

承金，汪新文，王小牛.2009.山西沁水盆地热史演化特征[J].现代地质，23（6）：1094-1095.

程爱国，魏振岱.2001.华北晚古生代聚煤盆地层序地层与聚煤作用关系的探讨[J].中国煤田地质，13（2）.

程克明，王世谦，董大忠，等.2009.上扬子区下寒武统筇竹寺组页岩气成藏条件[J].天然气工业，29（5）：40-44.

程鹏，肖贤明.2013.很高成熟度富有机质页岩的含气性问题[J].煤炭学报，38（5）：737-741.

池卫国.1998.沁水盆地煤层气的水文地质控制作用[J].石油勘探与开发，25（3）：15-18.

褚会丽，檀朝东，宋健.2010.天然气、煤层气、页岩气成藏特征及成藏机理对比[J].石油工程技术，9：43-45.

崔思华，彭秀丽，鲜保安，等.2004.沁水煤层气田煤层气成藏条件分析[J].天然气工业，24（5）：14-16.

戴鸿鸣，黄东，刘旭宁，等.2008. 蜀南西南地区海相烃源岩特征与评价[J]. 天然气地球科学，19（4）：503-508.

戴金星.2000. 中国煤成大中型气田地质基础和主控因素[M]. 石油工业出版社.

董大忠，程克明，工世谦，等.2009. 页岩气资源评价方法及其在四川盆地的应用[J]. 天然气工业，29（5）：33-39.

董大忠，邹才能，李建忠，等.2011. 页岩气资源潜力与勘探开发前景[J]. 地质通报，30（2-3）：324-336.

董大忠，邹才能，杨桦，等.2012. 中国页岩气勘探开发进展与发展前景[J]. 石油学报，33（S1）：107-114.

范国清.1991. 华北石炭纪海侵活动规律[J]. 中国区域地质，39（4）：349-355.

房超，顾娇杨，张兵，等.2013. 海陆交互相含煤盆地页岩气储量估算参数选取简析——以沁水盆地为例[J]. 化工矿产地质，35（3）：169-174.

房德权，宋岩.1997. 中国主要煤层气试验区地质特征对比[J]. 天然气工业，17（6）：15-17.

付金华，魏新善，石晓英.2005. 鄂尔多斯盆地榆林气田天然气成藏地质条件[J]. 天然气工业，25（4）.

傅家谟.1981. 关于当前石油有机地球化学研究的几个问题[J]. 石油学报，2（1）：7-20.

葛宝勋，尹国勋，李春生.1985. 山西阳泉矿区含煤岩系沉积环境及聚煤规律探讨[J]. 沉积学报，3（3）：34-44.

顾娇杨，叶建平，房超，等.2011. 沁水盆地页岩气资源前景展望[J].2011 年煤层气学术研讨会论文集，455-461.

郭岭，姜在兴，等.2011. 页岩气储层的形成条件与储层的地质研究内容[J]. 地质通报，（Z1）：385-392.

国土资源部油气资源战略中心.2009. 全国煤层气资源评价[M]. 北京：中国大地出版社，256.

侯读杰，包书景，毛小平，等.2012. 页岩气资源潜力评价的几个关键问题讨论[J]. 地球科学与环境学报，34（3）：7-16.

胡斌，胡磊，宋慧波，等.2013. 晋东南上石炭统—下二叠统太原组灰岩中遗迹组合及其沉积环境[J]. 古地理学报，15（6）：809-818.

胡琳，朱炎铭，陈尚斌，等.2013. 中上扬子地区下寒武统筇竹寺组页岩气潜力分析[J]. 煤炭学报，37（11）：1871-1877.

胡文瑞，翟光明，李景明.2010. 中国非常规油气的潜力和发展[J]. 中国工程科学，12（5）：25-29.

胡文瑞.2010. 开发非常规天然气是利用低碳资源的现实最佳选择[J]. 天然气工业，30（9）：1-8.

黄金亮，邹才能，李建忠，等.2012. 川南下寒武统筇竹寺组页岩气形成条件及资源潜力[J]. 石油勘探与开发，39（1）：69-75.

黄金亮，邹才能，李建忠，等.2012. 川南志留系龙马溪组页岩形成条件与有利区分析[J]. 煤炭学报，7（5）：782-787.

黄志龙，张四海，钟宁宁.2003. 碳酸盐岩生气的热模拟实验[J]. 地质科学，38（4）：455-459.

黄志明，张鸿升，许建国，等.1989. 山西寿阳矿区含煤岩系环境及聚煤特征[J]. 沉积学报，1.

贾承造.2007. 煤层气资源储量评估方法[M]. 北京：石油工业出版社.

江怀友，宋新民，安晓璇，等.2008. 世界页岩气资源勘探开发现状与展望[J]. 大庆石油地质与开发，27（6）：10-14.

江怀友，宋新民，安晓璇，等.2008. 世界页岩气资源与勘探开发技术综述[J]. 天然气技术，
　　2（6）：26-30.
姜波，秦勇，琚宜文，等.2005. 煤层气成藏的构造应力场研究[J]. 中国矿业大学学报，3（5）：
　　564-569.
姜文斌，陈永进，李敏.2011. 页岩气成藏特征研究[J]. 复杂油气藏，9：1-5.
蒋裕强，董大忠，等.2010. 页岩气储层的基本特征及其评价[J]. 天然气工业，30（10）：7-12.
焦希颖，王一.1999. 阳泉矿区含煤地层沉积环境及其对煤层厚度分布控制[J]. 岩相古地理，
　　19（3）：30-39.
琚宜文，颜志丰，李朝锋，等.2011. 我国煤层气与页岩气富集特征与开采技术的共性与差异性
　　[C].2011 年煤层气学术研讨会论文集，1-9.
康玉柱.2012. 中国非常规泥页岩油气藏特征及勘探前景展望［J］. 天然气工业，32（4）：1-5.
雷宇，王凤琴，刘红军，等.2011. 鄂尔多斯盆地中生界页岩气成藏地质条件[J]. 油气田开发，
　　29（6）：49-54.
李宝芳，温显端，李贵东.1999. 华北石炭，二叠系高分辨层序地层分析[J]. 地学前缘，6（1）：
　　81-94.
李建忠，董大忠，陈更生，等.2009. 中国页岩气资源前景与战略地位[J]. 天然气工业，29（5）：
　　11-16.
李景明，王勃，王红岩，等.2006. 煤层气藏成藏过程研究[J]. 天然气工业，26（9）：37-39.
李伟，张枝焕，朱雷，等.2005. 山西沁水盆地石炭—二叠系煤层生排烃史分析[J]. 沉积学报，
　　23（2）：337-344.
李新景，胡素云，程克明.2007. 北美裂缝性页岩气勘探开发的启示[J]. 石油勘探与开发，34（4）：
　　392-400.
李新景，吕宗刚，董大忠，等.2009. 北美页岩气资源形成的地质条件[J]. 天然气工业，29（5）：
　　27-32.
李艳丽.2009. 页岩气储量计算方法探讨[J]. 天然气地球科学，20（3）：466-470.
李玉喜，乔德武，姜文利，等.2011. 页岩气含气量和页岩气地质评价综述[J].30（2-3）：308-317.
李月，林玉祥，于腾飞.2011. 沁水盆地构造演化及其对游离气藏的控制作用［J］. 桂林理工大
　　学学报，31（4）：481-487.
刘成林，葛岩，范柏江，等.2010. 页岩气成藏模式研究[J]. 油气地质与采收率，17（5）：1-5.
刘大锰，李俊乾，李紫楠.2013. 我国页岩气富集成藏机理及其形成条件研究[J]. 煤炭科学技术，
　　41（009）：66-70.
刘洪林，李贵中，王广俊，等.2009. 沁水盆地煤层气地质特征与开发前景［M］. 北京：石油
　　工业出版社，82-84.
刘洪林，王勃，王烽，等.2007. 沁水盆地南部地应力特征及高产区带预测[J]. 天然气地球科学，
　　18（6）：885-890.
刘洪林，王红岩.2012. 中国南方海相页岩吸附特征及其影响因素. 天然气工业，32（9）：5-9.
刘焕杰.1998. 山西南部煤层气地质[M]. 徐州：中国矿业大学出版社.
刘岩，周文，邓虎成.2013. 鄂尔多斯盆地上三叠统延长组含气页岩地质特征及资源评价[J]. 天
　　然气工业，33（3）：1-23.
卢双舫，黄文彪，陈方文，等.2012. 页岩油气资源分级评价标准探讨[J]. 石油勘探与开发，

39（2）：249-256.

吕大炜，李增学，刘海燕，等.2009. 华北晚古生代海平面变化及其层序地层响应[J]. 中国地质，
　　36（5）：1079-1086.

吕大炜，李增学，刘海燕.2009. 华北板块晚古生代海侵事件古地理研究[J]. 湖南科技大学学报
　　（自然科学版），3：006.

马文辛，刘树根，等.2012. 四川盆地周缘筇竹寺组泥页岩储层特征[J]. 成都理工大学学报（自
　　然科学版），39（2）：182-188.

蒙晓灵，张宏波，冯强汉，等.2013. 鄂尔多斯盆地神木气田二叠系太原组天然气成藏条件[J]. 石
　　油与天然气地质，34（8）：37-41.

孟召平，刘翠丽，纪懿明.2013. 煤层气/页岩气开发地质条件及其对比分析[J]. 煤炭学报，38（5）：
　　728-736.

聂海宽，包书景，高波，等.2012. 四川盆地及其周缘下古生界页岩气保存条件研究[J]. 地学前
　　缘，19（3）：280-294.

聂海宽，张金川，李玉喜.2011. 四川盆地及其周缘下寒武统页岩气聚集条件[J]. 石油学报，
　　32（6）：959-967.

聂海宽，张金川，张培先.2009. 福特沃斯盆地 Barnett 页岩气藏特征及启示[J]. 地质科技情报，
　　28（2）：87-93.

潘继平.2009. 页岩气开发现状及发展前景——关于促进我国页岩气资源开发的思考[J]. 国际
　　石油经济.

潘仁芳，黄晓松.2009. 页岩气及国内勘探前景展望[J]. 中国石油勘探，14（3）：1-5.

蒲泊伶.2008. 四川盆地页岩气成藏条件分析[D]. 硕士学位论文. 中国石油大学.

戚厚发.1993. 华北地区石炭—二叠系天然气资源，成藏特征及勘探策略[J]. 石油勘探与开发，
　　20（6）：22-28.

秦勇，程爱国.2007. 中国煤层气勘探开发的进展与趋势[J]. 中国煤田地质，19（1）：26-29.

秦勇，姜波，王继尧，等.2008. 沁水盆地煤层气构造动力条件耦合控藏效应[J]. 地质学报，
　　82（10）：1355-1362.

秦勇，宋党育，等.1998. 山西南部煤化作用及其古地热系统——兼论煤化作用的控气地质机理
　　[M]. 地质出版社.

秦勇，张德民.1999. 山西沁水盆地中，南部现代构造应力场与煤储层物性关系之探讨[J]. 地质
　　论评，45（6）：576-583.

秦勇.2012. 中国煤层气成藏作用研究进展与述评[J]. 高校地质学报，18（3）：405-418.

任战利，肖晖，刘丽，等.2005. 沁水盆地中生代构造热事件发生时期的确定. 石油勘探与开发，
　　32（1）：43-47.

桑树勋，范炳恒，秦勇.1999. 煤层气的封存与富集条件[J]. 石油与天然气地质，20（2）：104-107.

邵龙义，肖正辉，何志平，等.2006. 晋东南沁水盆地石炭二叠纪含煤岩系古地理及聚煤作用研
　　究[J]. 古地理学报，8（1）：43-52.

邵珠福，钟建华，于艳玲，等.2012. 从成藏条件和成藏机理对比非常规页岩气和煤层气[J]. 特
　　种油气藏，19（4）：21-24.

苏现波，陈江峰，孙俊民，等.2001. 煤层气地质学与勘探开发[M]. 北京：科学出版社.

孙超，朱筱敏，陈菁，等.2007. 页岩气与深盆气藏的相似与相关性[J]. 油气地质与采收率，

14（1）：26-31.

孙赞东，贾承造，李相方，等.2011.7. 非常规油气勘探与开发[M]. 北京：石油工业出版社.

孙占学，张文，胡宝群，等.2006. 沁水盆地大地热流与地温场特征[J]. 地球物理学报，49（1）：130-134.

腾格尔，蒋启贵，陶成，等. 2010. 中国烃源岩研究进展、挑战与展望，中外能源，15（12）：37-52.

田景春，陈洪德，覃建雄.2004. 层序-岩相古地理图及其编制 [J]. 地球科学与环境学报，26（1）：6-12.

王桂梁，琚宜文，郑孟林，等. 2007. 中国北部能源盆地[M]. 中国矿业大学出版社.

王红岩，刘洪林，赵庆波，等. 2005. 煤层气富集成藏规律[M]. 北京：石油工业出版社.

王兰生，邹春艳，郑平，等. 2009. 四川盆地下古生界存在页岩气的地球化学依据[J]. 天然气工业，29（5）：59-62.

王社教，李登华，李建忠，等. 2011. 鄂尔多斯盆地页岩气勘探潜力分析[J]. 天然气工业，31（12）：40-46.

王社教，王兰生，黄金亮，等. 2009. 上扬子区志留系页岩气成藏条件[J]. 天然气工业，29（5）：45-50.

王世谦，陈更生，董大忠，等. 2009. 四川盆地下古生界页岩气藏形成条件与勘探前景[J]. 天然气工业，29（5）：51-58.

王香增，张金川，曹金舟，等. 2012. 陆相页岩气资源评价初探：以延长直罗—下寺湾区中生界长7段为例[J]. 地学前缘，19（2）：192-197.

王祥，刘玉华，张敏，等. 2010. 页岩气形成条件及成藏影响因素研究[J]. 天然气地球科学，21（2）：350-356.

王彦仓，焦勇，汪剑，等. 2010. 浅谈沁水盆地郑庄区块陷落柱形成机理及分布规律. 石油地质，2：45-48.

魏书宏，韩少明.2003. 沁水煤田南部煤层气构造控气特征研究[J]. 煤田地质与勘探，31（3）：30-31.

吴财芳，秦勇，傅雪海，等. 2005. 煤层气成藏的宏观动力能条件及其地质演化过程——以山西沁水盆地为例[J]. 地学前缘，12（3）：299-308.

吴财芳，秦勇，傅雪海. 2007. 煤储层弹性能及其对煤层气成藏的控制作用[J]. 中国科学 D 辑：地球科学，37（9）：1163-1168.

肖贤明，宋之光，朱炎铭，等. 2013. 北美页岩气研究及对我国下古生界页岩气开发的启示[J]. 煤炭学报，38（5）.

徐波，郑兆慧，唐玄，等.2009. 页岩气和根缘气成藏特征及成藏机理对比研究[J]. 石油天然气学报，31（1）：26-30.

徐士林，包书景.2009. 鄂尔多斯盆地三叠系延长组页岩气形成条件及有利发育区预测[J]. 天然气地球科学，20（3）：40-46.

徐振永，王延斌，陈德元，等. 2007. 沁水盆地晚古生代煤系层序地层及岩相古地理研究[J]. 煤田地质与勘探，35（4）：5-11.

许浩，张尚虎，冷雪，等. 2005. 沁水盆地煤储层孔隙系统模型与物性分析，科学通报，50，增刊：45-50.

闫存章，黄玉珍，葛春梅，等.2009. 页岩气是潜力巨大的非常规天然气资源[J]. 天然气工业，29（5）：1-6.

杨克兵，钱铮，刘欢，等.2013. 沁水盆地煤系地层游离气成藏条件分析[J]. 石油天然气学报，35（7）：24-28.

杨克兵，严德天，马凤芹，等.2013. 沁水盆地南部煤系地层沉积演化及其对煤层气产能的影响分析[J]. 天然气勘探与开发，36（4）.

杨万里.1981. 松辽盆地陆相生油母质的类型与演化模式[J]. 中国科学，8：1000-1008.

姚艳斌，刘大锰，汤达祯，等.2010. 沁水盆地煤储层微裂隙发育的煤岩学控制机理[J]. 中国矿业大学学报，39（1）：6-13.

张大伟.2012. 页岩气发展规划（2011-2015 年）枠解读[J]. 天然气工业，32（4）：6-8.

张建博，王红岩，邢厚松.2000. 煤层气高产富集主控因素及预测方法[J]. 油气井测试，9（4）：62-65.

张金川，姜生玲，唐玄，等.2009. 我国页岩气富集类型及资源特点[J]. 天然气工业，29（12）：109-114.

张金川，金之钧，袁明生.2004. 页岩气成藏机理和分布[J]. 天然气工业，24（7）：15-18.

张金川，李玉喜，聂海宽，等.2010. 渝页 1 井地质背景及钻探效果[J]. 天然气工业，30（12）：114-118.

张金川，林腊梅，李玉喜，等.2012. 页岩气资源评价方法与技术：概率体积法[J]. 地学前缘，19（2）：184-191.

张金川，聂海宽，徐波，等.2008a. 四川盆地页岩气成藏地质条件[J]. 天然气工业，28（2）：151-156.

张金川，汪宗余，聂海宽，等.2008b. 页岩气及其勘探研究意义[J]. 现代地质，22（4）：640-646.

张金川，徐波，聂海宽，等.2007. 中国天然气勘探的两个重要领域[J]. 天然气工业，27（11）：1-6.

张金川，徐波，聂海宽，等.2008c. 中国页岩气资源勘探潜力[J]. 天然气工业，28（6）：136-140.

张金川，薛会，张德明，等.2003. 页岩气及其成藏机理[J]. 现代地质，24（7）：466.

张金川.2011. 页岩气有利区优选标准[R]. 贵州：全国页岩气资源潜力调查评价及有利区优选会议.

张利萍，潘仁芳.2009. 页岩气的主要成藏要素与气储改造[J]. 中国石油勘探，（3）：20-23.

张林晔，李郑，朱日房.2009. 页岩气的形成与开发[J]. 天然气工业，29（1）：124-128.

张学汝，陈和平，张吉昌，等.1999. 变质岩储集层构造裂缝研究技术[J]. 北京：石油工业出版社，20-21.

赵庆波.2009. 煤层气地质选区评价理论与勘探技术[M]. 北京：石油工业出版社.

朱如凯，许怀先，邓胜徽，等.2007. 中国北方地区二叠纪岩相古地理[J]. 古地理学报，9（2）：133-142.

朱如凯，许怀先，邓胜徽，等.2007. 中国北方地区石炭纪岩相古地理[J]. 古地理学报，9（1）：13-24.

邹才能，董大忠，王社教，等.2010. 我国页岩气形成机理、地质特征及资源潜力[J]. 石油勘探与开发，37（6）：641-753.

Bowker K A，2003. Recent development of the Barnett Shale play，Fort Worth Basin：West Texas Geological Society Bulletin，42（6）：1-11.

Bowker K A, 2007. Barnett Shale gas production, Fort Worth Basin: Issues and discussion. AAPG Bulletin, 91 (4): 523–533.

Burnaman M D, Xia W, Shelton J. Shale gas play screening and evaluation criteria[J]. China Petroleum Exploration, 14 (3): 51-64.

Chalmers R L, Bustin R M . 2007. The organic matter distribution and methane capacity of the lower Cretaceous strata of northeastern British Columbia[J]. International Journal of Coal Geology, 70 (1/3): 223-239.

Claypool G E. 1998. Kerogen conversion in fractured shale petroleum. AAPG Bulletin, 82 (13): 5.

Curtis J B, 2002. Fractured shale-gas systems. AAPG Bulletin, 86 (11): 1921-1938.

Hill D G, Nelson C R. 2000. Reservoir properties of the upper Cretaceous Lewis Shale, a new natural gas play in the San Juan Basin. AAPG Bulletin, 84 (8): 1240.

Hill R J, Etuan Z B. Jay K, Yongchun T. 2007. Modeling of gas generation from the Barnett Shale, Fort Worth Basin, Texas. AAPG Bulletin, 91 (4): 501-521.

Jarvie D M, Hill R J, Pollastro R M, et al. 2003. Evaluation of unconventional natural gas prospects: The Barnett Shale frac-tured shale gas model (abs.): 21st International Meetingon Organic Geochemistry, September 8-12, 2003, Krakow, Poland, Book of Abstracts, PartII, 3-4.

Jarvie D M, Hill R J, Pollastro R M. 2005. Assessment of the gas potential and yields from shales: The Barnett Shale model[J]. Oklahoma Geological Survey Circular, 110: 9-10.

Jarvie D M, Hill R J, Pollastro R M. 2006. Hydrocarbon generation and storagein the Barnett Shale, Fort Worth Basin, Texas//Raines M A, ed., Resource playsin the Permian Basin: Resource to reserves: West Texas Geological Society, CD-ROM: 850-963.

Jarvie D M, Hill R J, Ruble T E, et al. 2007. Unconventional shale-gas systems: The Mississippian Barnett Shale of north-central Texas as one mondel for thermogenic shale-gas assessment. AAPG Bulletin, 91 (4): 475-499.

Jarvie D, 2004. Evaluation of hydrocarbon generation and storage in the Barnett shale, Fort Worth Basin, Texas. Texas: Humble geochemical serices Division.

Jarvie, D M, Hill R J, Pollastro R M, 2004. Assessment of the gas potential and yields from shales: The Barnett Shale model// Cardott B J, ed., Unconventional Energy Resources in the Southern Mid-continent, 2004 Conference: Oklahoma Geological Survey Circular, 110: 34.

KawataY, Fujita K. 2001. Some prediction of unconventional hydrocarbons availability until 2100. Presented at the SPE Asia Pacific Oil and Gas Conference and Exhibition, Jakarta, Indonesia: 17-19.

Loucks R G, Ruppel S C. 2007. Mississippian Barnett Shale: Lithofacies and depositional setting of a deep-water shale-gas succession in the Fort Worth Basin, Texas. AAPG Bulletin, 91, 4: 579-601.

Lu X C, Li F C, Watson A T. 1995. Adsorption measurements in Devonian shales. Fuel, 74 (4): 599-603.

Manger K C, Oliver S J P, Curtis J B, et al. 1991. Geologic influences on the location and production of Antrim Shale gas, Michigan Basin: SPE Paper 21854, Proceedings of Society of Petroleum Engineers , Rocky Mountain Regional ; Low Permeability Reservoirs Symposium and Exhibition: 511-519.

Martini A M, Walter L M, Ku T C W, et al. 2003. Microbial production and modification of gases in sedimentary basins: A geochemical case study from a Devonian shale gas play, Michigan Basin: AAPGBulletin, 87 (8): 1355-1375.

Mavor M, 2003. Barnett shale gas-in-place volume including sorbed and free gas volume. AAPG Southwest SectionMeeting.

Montgomery S L, Jarvie D M, Bowker K A, Pollastro R M. 2005. Mississipian Barnett Shale, Fort Worth Basin, north-central Texas, Gas-shale play with multi- trillion cubic foot potential. AAPG Bulletin, 89 (2): 155-175.

Pollastro R M, Jarvie D M, Hill R J, Craig W A. 2007. Geologic framework of the Mississippian Barnett Shale, Barnett-Paleozoic total petroleum system, Bend arch–Fort Worth Basin, Texas. AAPG Bulletin, 91 (4): 405-436.

Ramos S. 2004. The effect of shale composition on the gas sorption potential of organic-rich mudrocks in the Western Canadian sedimentary basin: M. Sc. thesis, University of British Columbia, Vancouver, Canada, 159.

Rogner H H. 1997. An Assessment of World Hydrocarbon Resources[J]. Environment and Resources, 22: 217-262.

Ross D J K, Bustin R M. 2007. Shale gas potential of the Lower Jurassic Gordondale Member northeastern British Columbia, Canada. Bulletin of Canadian Petroleum Geology, 55(1): 51-75.

Ross D J K. 2004. Sedimentology, geochemistry and gas shale potential of the Early Jurassic Nordegg Member, northeastern British Columbia: M. Sc. thesis, University of British Columbia, Vancouver, Canada, 169.

Schettler Jr P D, Parmely C R, Juniata C. 1991. Contributions to Total Storage Capacity in Devonian Shales. SPE Eastern Regional Meeting, 22-25 October 1991, Lexington, Kentucky. SPE23422-MS: 77-88.

Schmoker J W. 1995. Method for assessing continuous-type (unconventional) hydrocarbon accumulations//Gautler D L, Dolton G L, Takahashi K I, Varnes K L, eds. 1995. National assessment of United Stated oil and gas resources-results, methodology, and supporting data: U. S. Geological Survey Digital Data Series 30, CD-ROM.

Shelton J, Burnaman M D, Xia W, et al. 2009. Significance of shale gas development. China Petroleum Exploration, 14 (3): 29-33.

Wylie G, Hyden R, Parkey V, et al. 2007. Unconventional gas technology-2-Custom technology makes shale resources profitable. Oil & Gas Journal, 105 (48): 41.

Xia W, Burnaman M D, Shelton J. 2009. Geochemistry and Geologic Analysis in Shale Gas Play[J]. China Petroleum Exploration, 14 (3).

Zhao H, Natalie B. Givens, Brad C, 2007. Thermal maturity of the Barnett Shale determined from well-log analysis. AAPG Bulletin, 91 (4): 535-549.

彩 图

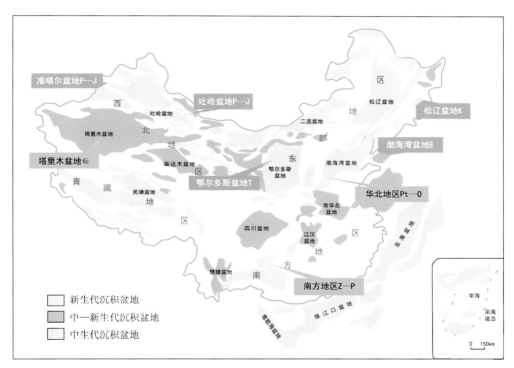

图 1-4 中国页岩气有利勘探区示意图

图 3-1 晋祠柳子沟整体剖面情况

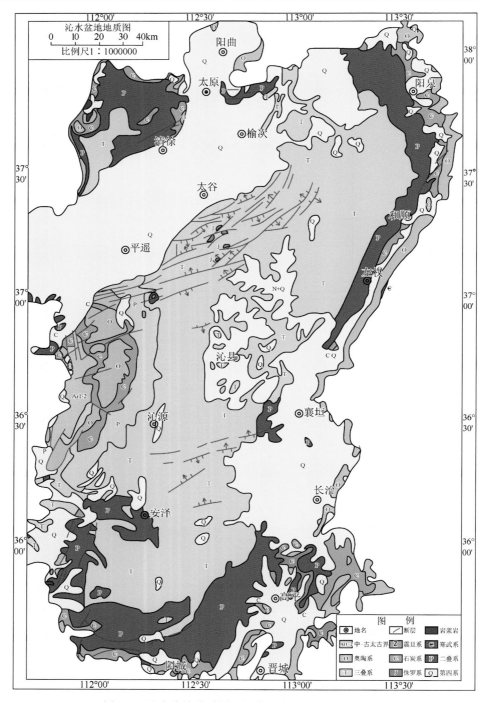

图 2-1　沁水盆地地质图（据华北油田分公司，2011）

(a) 黑色泥岩，C_2t

(b) 黑色泥岩，页理发育

(c) 砂泥互层

图 3-2　晋祠柳子沟太原组-山西组泥页岩野外出露

(a) 碳质页岩

(b) 灰黑色泥岩

(c) 灰色砂质泥岩

图 3-3　观家峪剖面泥页岩采样情况

(a) 灰黑色页岩夹菱铁矿结核

(b) 3号煤底板黑色泥岩

(c) 山西组碳质页岩

图 3-4　阳泉水泉沟野外泥页岩出露特征

(a) 太原组底部页岩

(b) K_4灰岩上部页岩

(c) 山西组底部页岩

(d) 下石盒子组薄层泥岩

图 3-5　和顺南窑野外泥页岩出露特征

(a) 本溪组-太原组分界

(b) 山西组底部，泥页岩发育较好

图 3-6　沁源小聪峪野外泥页岩出露特征

图 3-7　阳城安阳村背斜出露情况

(a) 15煤及其顶板采样部位　　　　　　(b) 硅质泥岩　　　　　　(c) 14煤采样部位及K_2灰岩

图 3-9　老金沟剖面泥页岩采样情况

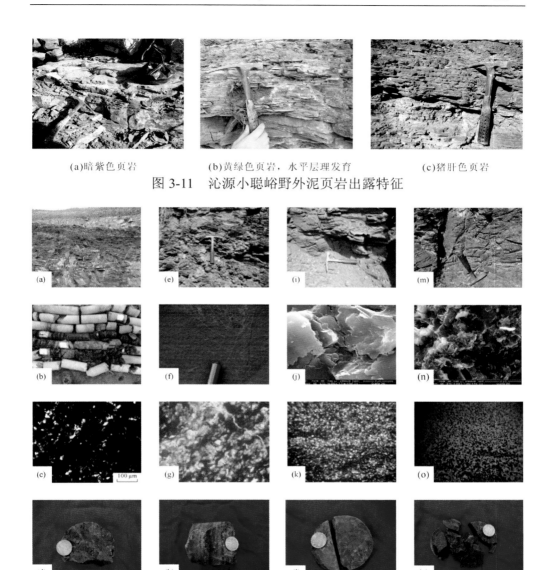

(a)暗紫色页岩　　　　(b)黄绿色页岩，水平层理发育　　　　(c)猪肝色页岩

图 3-11　沁源小聪峪野外泥页岩出露特征

碳质页岩　　　　　　　粉砂质页岩　　　　　　　钙质页岩　　　　　　黑色普通页岩

图 4-17　页岩岩相特征

（a）柳子沟，黑色碳质页岩，山西组，厚 0.4cm；（b）阳城通义浅井，黑色碳质页岩；（c）黑色碳质页岩，单偏光，×200，含大量有机质；（d）义唐钻孔岩心，黑色碳质页岩；（e）阳城，太原组，灰黑色粉砂质页岩；（f）深灰色粉砂质页岩，水平层理发育；（g）粉砂质页岩，单偏光，×160，石英颗粒漂浮于黏土矿物中；（h）苏家坡钻孔岩心，634m，粉砂质页岩，水平纹层发育；（i）七里沟，灰黑色钙质页岩，块状层理；（j）钙质页岩中的方解石，扫描电镜，×16000；（k）钙质页岩，单偏光，×100，亮色为方解石层，暗色为黏土层；（l）义唐钻孔岩心，块状钙质页岩；（m）黑色页岩，节理极为发育；（n）黑色页岩，富含伊利石、石英、方解石和黄铁矿等，扫描电镜，×5008；（o）黑色页岩，单偏光，×40，泥质颗粒向上减少；（p）黑色页岩，块状层理

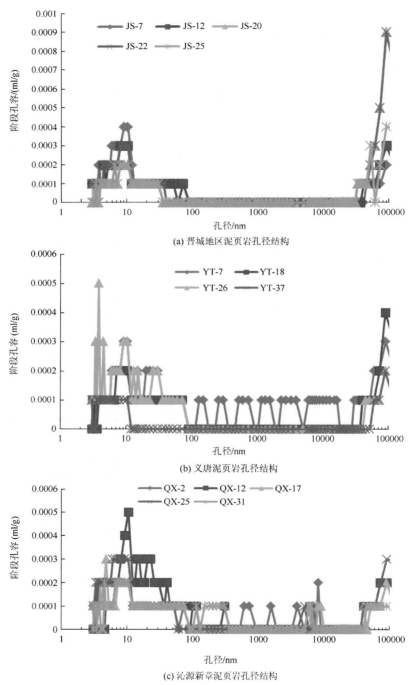

(a) 晋城地区泥页岩孔径结构

(b) 义唐泥页岩孔径结构

(c) 沁源新章泥页岩孔径结构

图 4-34　各地区页岩储层孔隙孔容-孔径分布特征

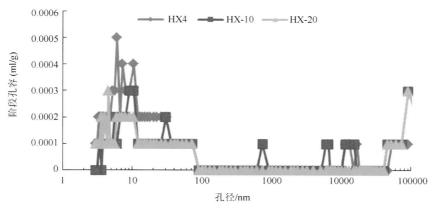

(d) 胡底南详泥页岩孔径结构

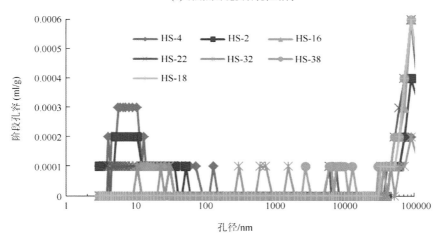

(e) 横水泥页岩孔径结构

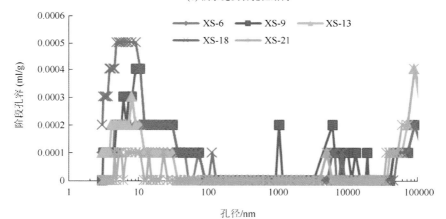

(f) 襄垣泥页岩孔径结构

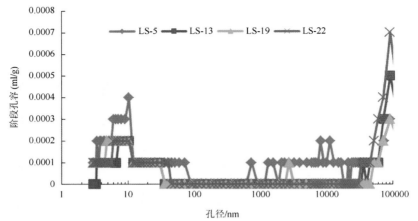

(g) 潞安石哲泥页岩孔径结构

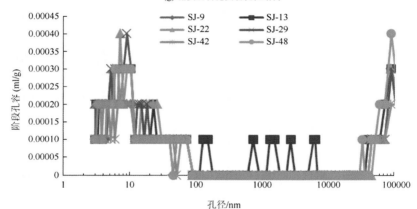

(h) 左权苏家坡泥页岩孔径结构

图 4-34（续）

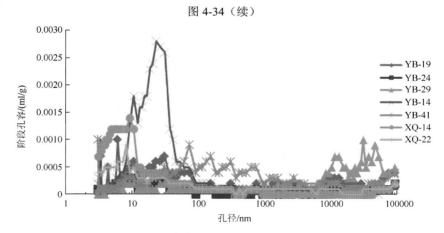

图 4-35　沁水盆地浅部泥页岩孔径分布特征

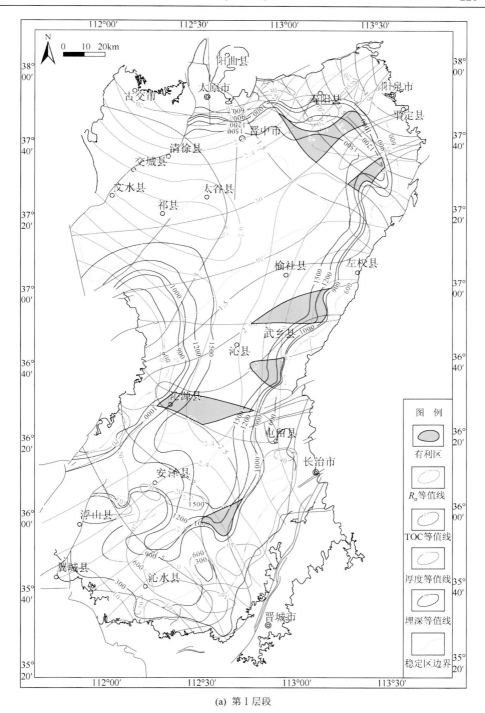

(a) 第Ⅰ层段

图 9-1　研究区上古生界页岩气有利区

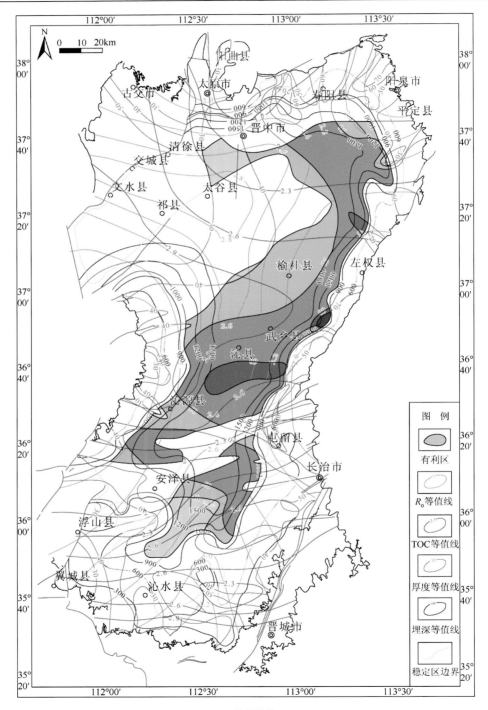

(b) 第Ⅱ层段

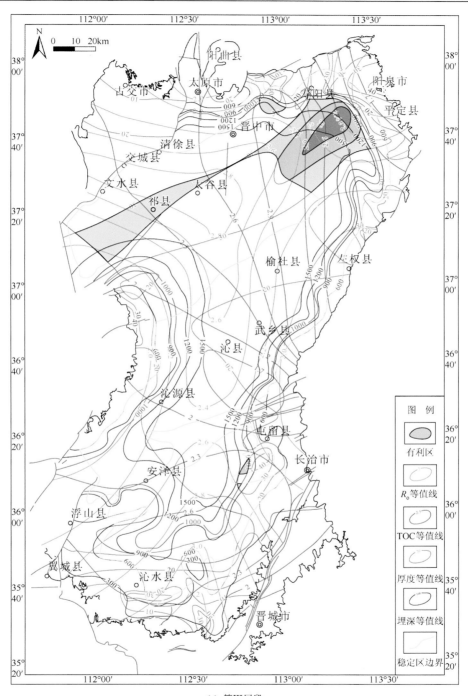

(c) 第Ⅲ层段

图 9-1（续）

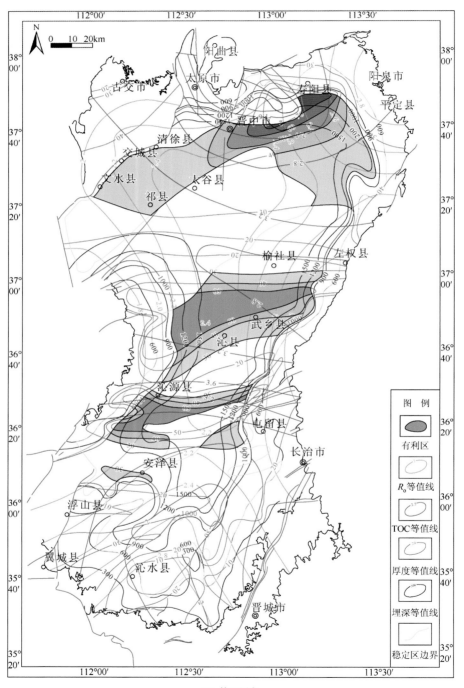

(d) 第Ⅳ层段

图 9-1（续）

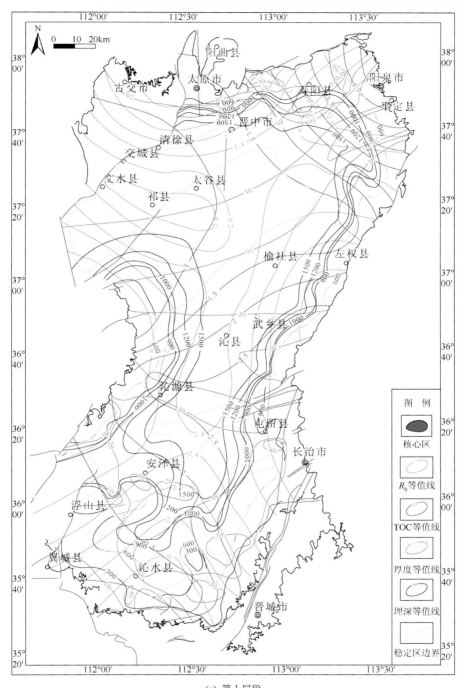

(a) 第Ⅰ层段

图 9-5　页岩气核心区分布图

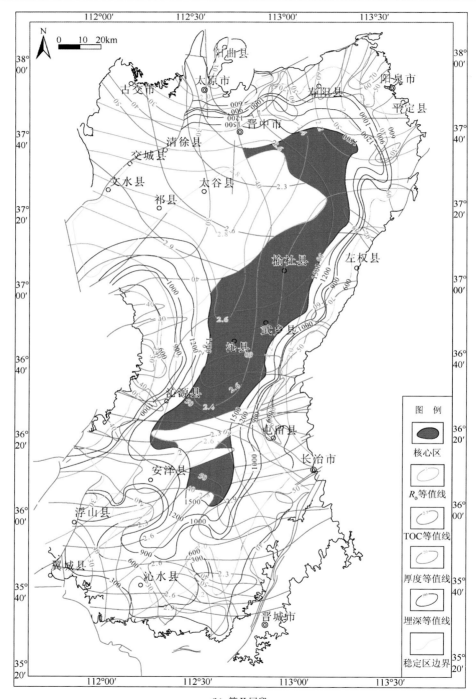

(b) 第Ⅱ层段

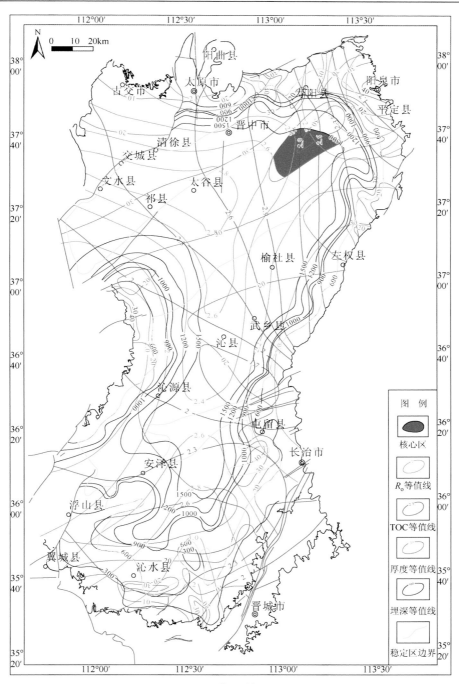

(c) 第Ⅲ层段

图9-5（续）

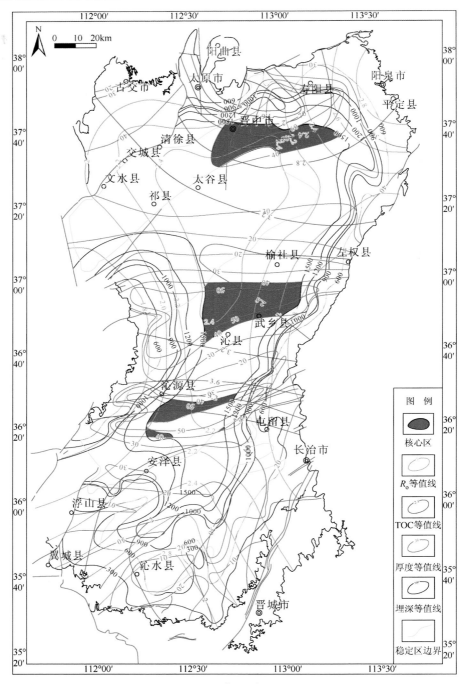

(d) 第Ⅳ层段

图 9-5（续）